日本媽媽的超省時便當菜

全書144道菜兼顧全家營養
老公減醣、小孩發育都適用

20分鐘
做5便當

每天早上不用再為帶便當煩惱了！
依照食材×顏色×口味×烹調法分類，

❖ 為什麼做便當讓我覺得快樂？

我從國中開始就幫自己帶便當，後來也幫全家人做便當，經歷不斷的失敗和摸索，不知不覺居然一做就做了三十多年。最近發現，**支持我做便當的最大動力其實是因為想吃**。當然，想持續做下去，對比「一定要做」的責任感，還是「想吃」占了更大的比重。加上一想到「中午就可以大快朵頤一頓！」這份期待感，也在背後一直推著我前進。為了吃到自己想吃的東西而做菜，讓我覺得非常快樂。

❖ 還在為做便當煩惱？換個方式想想！

便當是一天三餐的其中一餐，跟另外兩餐不太一樣的是，通常它會裝在好攜帶的容器裡，過一段時間再到餐桌以外的地方享用。這特點也衍生出許多煩惱，像是：不能讓食物壞掉、要維持食物的配色和形狀等等。

我做便當的程序大致上可以分成「**決定菜單**」、「**烹飪調味**」和「**擺盤**」，把**步驟程序化，做起來就會更輕鬆**。例如決定菜單時，可以各選一種肉類、蛋、葉菜類和根莖類配菜，跟白飯作搭配，並儘量簡化烹飪過程。

❖ 做出美味又可以帶來滿滿元氣的便當！

基本上帶便當準備什麼樣的菜色都可以，**最重要的是要讓吃的人覺得好吃，也讓這個便當成為一天滿滿元氣的來源！**如果有天突然覺得「中午好想吃這個」，我就會用廚房裡現有的材料和工具搭配，用短短的時間做出我最愛吃的便當。希望大家也都能從書中找到讓自己和家人覺得好吃的靈感，讓用餐時間值得期待，沒有比這更讓人開心的事了！

野上優佳子

讓你快速找到 最需要的便當食譜！

自序...2
本書的使用方法...6

Part 1 依對象分類
精選13款特色便當
日本媽媽的帶便當公式...8
做便當的縮時技巧...10

一家五口每日便當...12
野上媽媽的爸爸便當
❶活力滿點能量便當...18
❷減醣瘦身甩油便當...22
野上媽媽的媽媽便當
❶蔬菜滿滿高纖便當...26
❷超省事懶人便當...30
野上媽媽的國高中便當
❶營養滿分愛心便當...34
❷不打瞌睡補習便當...38
野上媽媽的幼稚園便當
❶三明治遠足便當...42
❷口口心情好！上學便當...46

Part 2 依食材分類
主菜
肉類主菜
◉薄切豬肉片...54
蜜汁烤豬／味噌炸豬排／
糖醋豬／蒜苗炒鹹豬肉
◉梅花豬肉片...56
蠔油炒肉片／薑汁燒肉／
柚香涮肉／醬油薑汁燒肉
◉薄切牛肉片...58
壽喜燒風味牛肉／蔬菜烤肉捲／
芥末籽炒牛肉／牛蒡炒牛肉
◉牛五花肉片...60
韓式炒牛肉／辣炒牛肉／
涼拌牛肉／薑燒牛肉
◉雞腿肉・雞胸肉...62
糖醋雞胸肉／印度烤雞腿肉／
烏醋炒雞胸肉／炸雞腿塊
◉雞里肌肉...64
鹽麴烤雞／磯邊炸雞／
梅香蒸雞／炸雞排
◉豬・雞絞肉...66
照燒雞肉餅／豬肉燒賣／
柚子醋風味漢堡豬排／雞肉肉燥
魚類主菜
◉鮭魚切片...68
西京味噌燒鮭魚／蔥燒鮭魚／
鹽烤檸檬鮭魚／鮭魚碎肉
◉旗魚切片...70
茄汁旗魚／咖哩嫩煎旗魚／
旗魚南蠻漬／羅勒酥炸旗魚
◉鰤魚切片...72
照燒鰤魚／薑汁燒鰤魚／日式柚燒鰤魚／紅燒鰤魚
◉鯖魚切片...74
韓式醬燒鯖魚／酥炸鯖魚／
烏醋燒鯖魚／味噌燉鯖魚
豆製品主菜
◉油豆腐...76
番茄糖醋油豆腐／味噌水煮蛋福袋／
柚子醋拌豆腐／柴魚豆腐

Part 3 依顏色分類
配菜
紅色配菜
◉胡蘿蔔...82
味噌胡蘿蔔條／酥炸胡蘿蔔／
涼拌胡蘿蔔絲／七味粉烤胡蘿蔔
◉紅椒...84
照燒紅椒／高湯煮紅椒／
檸檬醃紅椒／柚子醋炒紅椒
紫色配菜
◉紫高麗菜...86
涼拌紫高麗菜／香辣紫高麗菜／
甜醋漬紫高麗菜／鹽漬紫高麗菜

◉茄子...88
芝麻味噌炒茄子／魚香茄子／
和風醬燒茄子／巴薩米克醋醃茄子

◉紫地瓜...90
鹽麴煮紫地瓜／酥炸紫地瓜／
芥末紫地瓜／地瓜球

黃色配菜

◉地瓜...92
拔絲地瓜／炸地瓜條／
蜂蜜檸檬煮地瓜／甜煮地瓜

◉南瓜...94
甜煮南瓜／咖哩美乃滋南瓜沙拉／
紅紫蘇香煎南瓜／醬燒南瓜餅

◉玉米...96
醬燒奶油炒玉米／酥炸玉米／
清脆玉米沙拉／培根炒玉米

綠色配菜

◉綠花椰菜...100
芝麻拌花椰菜／清炒花椰菜／
柚子醋拌花椰菜／芥末籽花椰菜

◉小松菜...102
涼拌芝麻小松菜／海苔拌小松菜／
味噌醋拌小松菜／芥末醬油拌小松菜

◉秋葵...104
醬滷昆布秋葵／芥末炒秋葵／
醋醬油拌秋葵／鹽煮秋葵

◉蘆筍...106
花生醬拌蘆筍／芝麻炒蘆筍／
柚子醋炒蘆筍／高湯煮蘆筍

◉青椒...108
芝麻香青椒／鹽昆布拌青椒／
檸檬拌青椒／鹹甜青椒

◉小黃瓜...110
鹽麴漬黃瓜／涼拌薑絲黃瓜／
梅肉涼拌小黃瓜／中式涼拌黃瓜

茶色配菜

◉菇類...112
燉煮香菇／起司炒杏鮑菇／
果醋漬百菇／醬油漬菇

◉竹輪...114
蒲燒竹輪／豆瓣醬炒竹輪／柚子醋拌竹輪／磯邊炸竹輪

◉水煮黃豆...116
昆布煮黃豆／咖哩炒黃豆／烏醋煮黃豆／黃豆泥

白色配菜

◉乾蘿蔔絲...118
什錦煮／鱈魚子炒蘿蔔絲／芝麻拌蘿蔔絲／醃漬蘿蔔乾

◉白花椰菜...120
柴魚片拌花椰菜／起司烤花椰菜／
咖哩風味醃漬花椰菜／醃漬花椰菜

◉大頭菜...122
雞絞肉煮大頭菜／鹽燒大頭菜／
檸檬炒大頭菜／柚子大頭菜甘醋漬

◉馬鈴薯、芋頭...124
鹹甜馬鈴薯／燒煮味噌芋頭／
馬鈴薯沙拉／炸芋頭

Part 4 填空料理
今天加點菜

瞬間就能完成的「填空料理」

◉百變玉子燒...128
蒲燒秋刀魚玉子燒／海苔玉子燒／
蔥花魩仔魚玉子燒／紫蘇玉子燒

◉其他蛋料理...130
醬醃鵪鶉蛋／糖醋醃鵪鶉蛋／
時蔬歐姆蛋／香嫩炒蛋球

◉醬滷...132
醬滷生薑／醬滷蛤蠣山椒

◉味噌配菜...133
大葉味噌／茄子味噌

裝好就完成的配菜...134

索引...140

column

- 選擇食材＆調味料的小技巧...50
- 做便當前要準備的工具①...78
- 運用辛香料和調味料，讓味道和顏色變得更豐富...98
- 做便當前要準備的工具②...126
- 各式各樣實用的便當盒

本書的使用方式

書中收錄「便當達人」野上優佳子親自傳授的食譜步驟、搭配及擺盤技巧等想法和建議。

主菜以食材分類，配菜以顏色分類

主菜用肉類、魚類、豆製品等食材區別，配菜則以顏色區分，非常實用。

甜、鹹、酸都有，挑你想吃的食譜

每道食譜上都有標示「甜」、「鹹」、「酸」，用口味當標準，選擇菜色更容易。

清楚標示烹調法，同時料理也可以！

主菜和配菜都標註了主要的烹調方式，讓你能同時烹調煮法不同的菜色。

卡路里和烹調時間一目了然！

所有食譜都標明卡路里，有助於健康管理：連烹調時間也一目了然，忙碌也不怕沒時間做便當。

提供搭配範例讓猶豫的你參考

列舉1種主菜和2種配菜的搭配範例，備齊3種口味「甜」、「鹹」、「酸」和3種顏色。

成為便當達人的Q&A

一一為你解答常見的食材相關疑問，也針對便當配菜給予烹調技巧上的小建議。

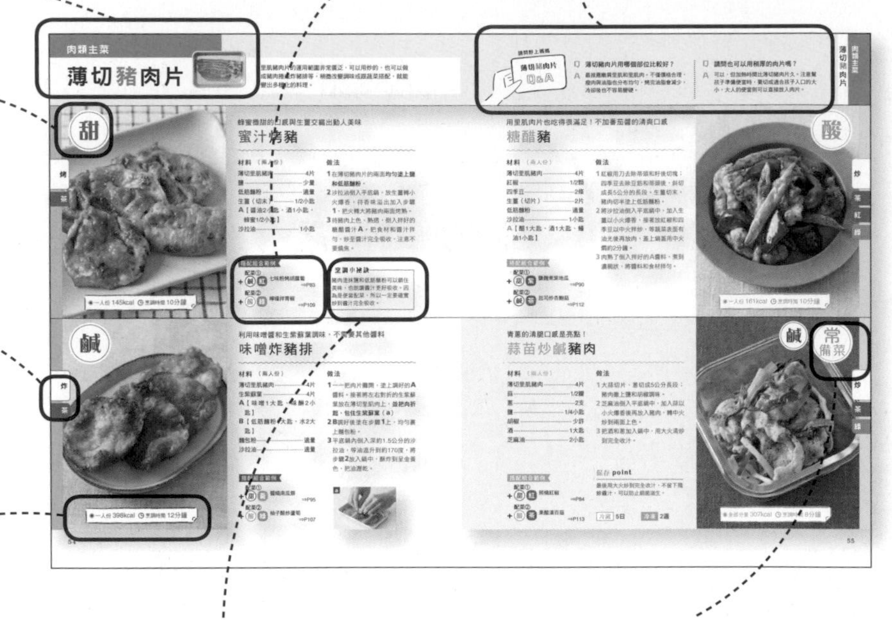

簡單易懂的烹調技巧說明

包含食物切法、煮法和調味的時間點，都附上詳細解說和原因，讓每道料理更美味。

方便的常備菜食譜標示

所有的常備菜食譜都標有冷藏、冷凍的保存期限，部分食譜還教你保鮮小訣竅。

STEP 1 決定 主菜 ⇒P51

先從肉類、魚類、豆製品中挑出主菜料理的食材，決定好了之後，再依照不同的調味類別選擇喜歡的菜色。

STEP 2 決定 配菜 ⇒P79

考慮跟主菜之間的口味和顏色均衡來選擇配菜，建議可以挑選讓整體色彩繽紛、味道跟主菜不重複的菜色。

STEP 3 裝入 填空料理 就大功告成 ⇒P127

主菜和配菜裝到便當盒後，如果還有空間就再放些蛋料理、滷味或醃漬的配菜。事先做好保存起來會更方便。

關於本書食譜

- 材料基本上以2人份為準，少部分是3～4人份，可看應用情形調整適合分量。
- 卡路里標示的是1人份的數值，常備菜食譜則是標示全部分量的數值。
- 烹調時間是指扣掉醃漬和冷卻時間之外所需的調理時間。
- 計量單位標示：1大匙＝15毫升，1小匙＝5毫升。
- 書中微波爐火力以600W為準，如果是500W，請把加熱時間延長1.2倍。
- 「少許」指未滿1/6小匙、「適量」指剛好的分量，「酌量」則可依個人口味視情況加入。
- 保存期限都是估算值，會依據每台冰箱的冷氣循環狀態及開關頻率影響食物的新鮮度和保存期限。
- 保存時請確實讓食品冷卻，並使用乾淨的筷子與容器。

Part 1

爸爸・媽媽・國高中生・幼稚園兒童

依對象分類

精選13款特色便當

本章依照爸爸・媽媽・國高中生・幼稚園兒童等不同對象，
從野上媽媽最常做的便當中精選13款最佳便當；
詳細介紹菜色的組合方式、烹煮技巧，
以及如何擺盤看起來更美味！

\簡單・美味・全家人都開心！/

帶便當公式

絕不藏私，日本媽媽的帶便當原則大公開！
準備料理時要注意配色和口味的均衡，以及擺盤是否平均。
另外，跟常備菜一起組合，做起來就會更輕鬆。

1 別忘記料理基本5配色＋亮點色

想做出色香味俱全的便當，最重要的就是：「別忘記料理的配色！」試著用肉類或魚類主菜的「茶色」當作基礎，加上「紅、黃、綠」三種顏色的配菜，再搭配「白色」的飯，備齊基本的5種顏色吧！這樣不只看起來美味，營養均衡也能大幅提升。如果再另外加上一個紫色作為亮點色，華麗感就會瞬間爆棚。

基本的5種顏色　**＋亮點色**

茶（主菜、香菇等）＋紅（番茄、紅椒等）黃（南瓜、玉米或雞蛋等）綠（小松菜或青椒等）＋白（白飯、大頭菜等）＋紫（茄子或紫地瓜等）→ 便當看起來更亮眼

2 注意甜鹹酸味道的均衡搭配

準備便當菜的另一個重點就是：不要讓菜色的口味重複。隨時都記得要把「甜、鹹、酸」三個味道裝入便當盒，這點很重要。這樣的搭配方式能讓便當整體味道富有層次感，也不容易吃膩，還可以提升飽足感，一定要記下來！

3 運用常備菜，組合起來更輕鬆！

趕時間的時候，「常備菜」就格外重要；不但能直接裝進便當，調味一下還能夠變成不同菜色！當你覺得便當看起來有點空，可以立刻填入空隙。它的保存時間比較長，建議平常多準備各類常備菜，帶便當就會更方便！

白
綠
紫
常
備菜
黃
紅
茶
鹹
用胡椒、咖哩粉等辛香料，或味噌、醬油等烹調的菜色；鹽水汆燙也屬於這類。
酸
鹹
酸
甜
用檸檬汁、醋、美乃滋、黃芥末等調味料，或梅乾、柚子等烹調的菜色。
用味醂、糖、蜂蜜等甜味調味料，以及番茄醬、偏甜味噌等烹調的菜色。

每天早上輕鬆做便當！

做便當的縮時技巧

「每天早上都想輕鬆做便當、希望自己的手藝越來越好……」
你也有這樣的煩惱嗎？讓野上媽媽教你日常生活超好用的料理縮時技巧！
照著這些訣竅，你也能享受超級輕鬆的帶便當時光。

準備篇

1 選用不花時間切的肉

直接使用，不需要砧板又省時！

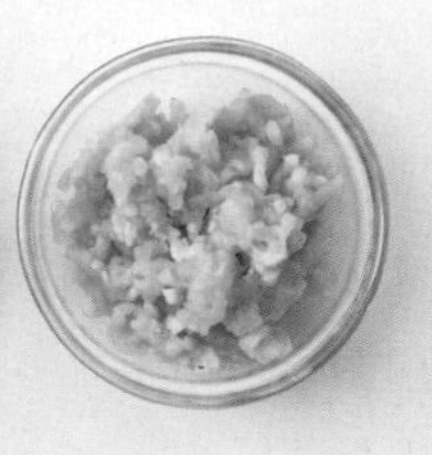

選用已經切好、處理過的肉片或絞肉，可以節省拿砧板切肉的步驟和時間，也更快熟。無論炒或煮，很快就能上桌。

2 菇類一次買多一點，放冷凍庫保存

切成一口大小，直接把生香菇冰入冷凍庫

生的菇類可以直接冷凍保存。趁促銷活動一次買起來，先切成一口大小裝進保鮮袋，密封後冷凍保存，既省錢又省事。

3 蘆筍、綠花椰菜冷凍保存

切成一口大小，汆燙過再冷凍！

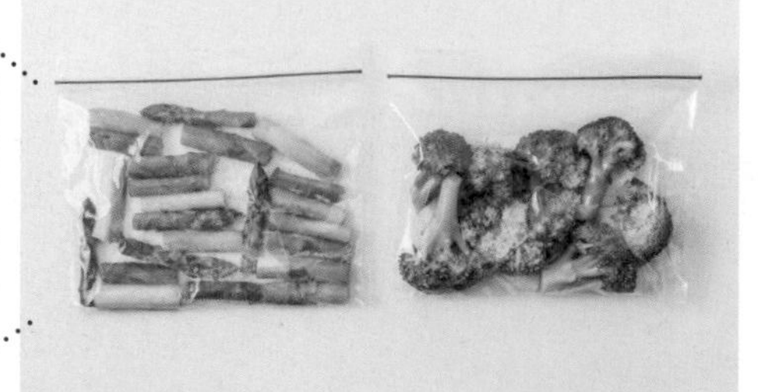

蘆筍和綠花椰菜也很適合冷凍保存。汆燙後瀝乾水分，裝入保鮮袋中。擠出空氣密封後，放入冷凍庫保存即可。

4 味噌醃漬食材和油炸食材冷凍保存

肉類和魚類等食材用味噌醃漬

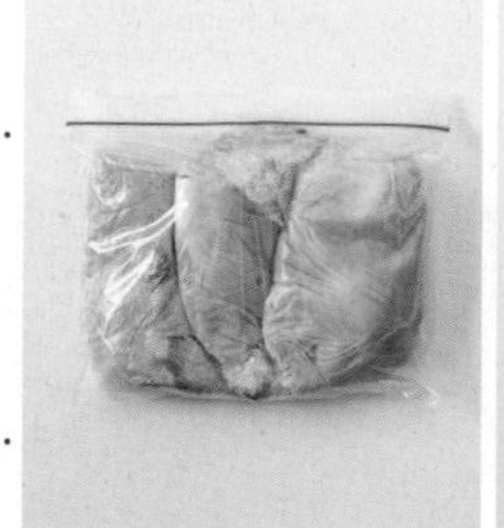

油炸食材也是冷凍保存最方便！

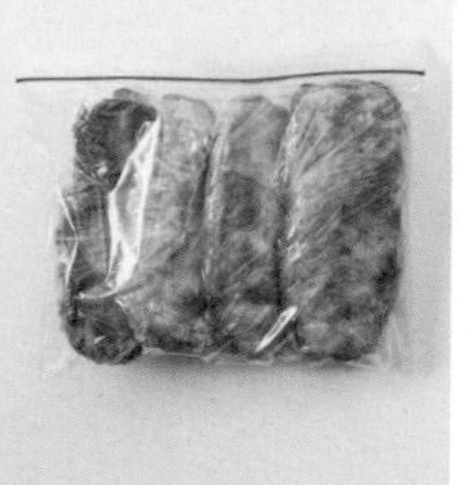

肉類和魚類可以參考P68「西京味噌燒」作法，味噌醃漬完用保鮮膜包起來，裝入保鮮袋放到冷凍庫保存。油炸食材也是同樣的方法。

烹調篇

1 基本烹調工具只需要平底鍋和單柄鍋

需清洗的鍋子減到最少，只使用平底鍋和單柄鍋這兩種基本的烹調工具就好。想油炸就用平底鍋、想水煮就用單柄鍋。

2 先從要熬煮的開始做

要煮最久的料理最先開始煮

一般我都會從最花時間的那道料理開始煮，先把食材放到鍋中烹調，就能用接下來這段空檔時間做其他準備。

3 炒菜順序：「青菜」→「雞蛋」→「肉類」

如果要炒好幾道菜，我會用同一個平底鍋解決。
這樣就省了洗鍋子的工夫，訣竅是要先想好烹調順序。

第一個先炒青菜。青菜炒完把殘渣擦拭乾淨就行了。

接著做蛋料理。記得先把油預熱好再倒入蛋汁。

肉的油脂容易附著在鍋底，殘渣難清理，所以放最後煮。

4 油炸順序：「青菜」→「肉類」

炸與炒一樣，最好依「青菜」→「肉類」這個順序。
這樣油就不會變黑，可以用同樣的油繼續炸下一道菜。

炸蔬菜時油不會變黑，所以一開始最好先炸蔬菜。

把炸肉或炸魚放到最後。用同樣的油來炸可以一石二鳥。

5 將菜餚放到大托盤中放涼

大托盤上鋪張紙巾，再放上煮好的菜放涼。可以同時瀝掉多餘的油脂和水分，也能減少要洗的碗盤。

量身訂做的

一家五口每日便當！

肉多多給你滿滿活力！

爸爸便當

媽媽便當

肉和青菜分量均衡

野上媽媽每天早上都會花20分鐘
做好5人份的便當（自己、先生和三個孩子）。
掌握超有效率的菜單規劃和烹調技巧，準備5人便當也毫不費力！
就算是相同的配菜，只要調整分量和擺盤方式，就能幫每個人量身訂做美味便當。

飯少一點，更多蔬菜，更健康！

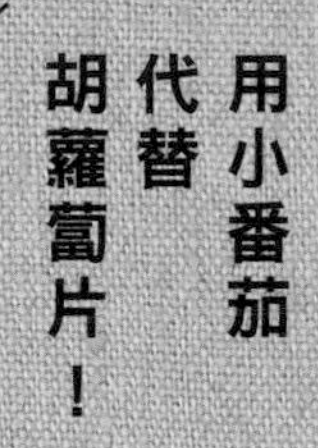

姊姊便當

幼稚園兒童便當

哥哥便當

在白飯上鋪滿各色料理！

message

一家五口的便當菜，依大家的喜好用「最大公因數」決定，再按照每個人的期待做調整

「

帶便當時當然會想準備大家都愛吃的菜，不過每個人喜歡的不一樣，在沒時間的情況下要一一迎合大家的口味非常困難。所以，我會用大家喜歡吃的東西取「最大公因數」來決定菜單（超級重要！）。接下來再按照個人需求調整菜量，像是先生的便當裝多一點肉，女兒的裝多一點菜等。

做便當的流程從洗菜、切菜開始，一直要到擺盤、清潔整理才算結束，所以我希望能儘量減少烹調的工具，並且把過程產線化。例如：「用什麼順序切食材就不用洗砧板？」在烹調前，先花點時間把所有流程在腦中描繪一遍，執行時就不會猶豫，也能節省好幾倍的時間和力氣。

」

裝進便當內的菜

如果主菜甜味比較強，就搭配口味清爽的幾樣蔬菜當作配菜。

主菜

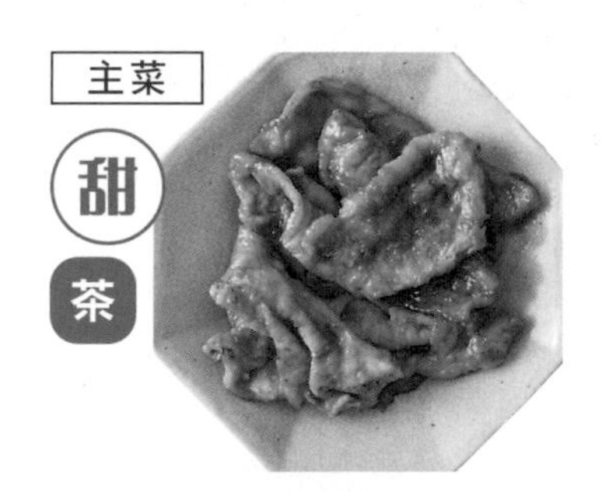

蜜汁烤豬 ⇒P54

配菜①

和風醬燒茄子 ⇒P89

配菜②

芝麻炒蘆筍 ⇒P106

配菜③

七味粉烤胡蘿蔔 ⇒P83

配菜④

醃漬蘿蔔乾 ⇒P119

填空料理

紫蘇玉子燒 ⇒P129

主食

白飯

使用平底鍋＋玉子燒鍋，
同時做4道料理！

一家五口每日便當 製作時間表

0min

切

準備食材／煮飯

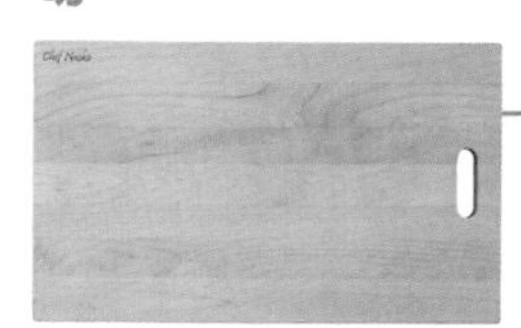

把每種蔬菜切成細條／段狀

茄子去蒂，切長條格紋狀泡水；蘆筍去外皮、切長斜段。

5min

加熱

配菜①

茄子煎熟後放醬汁裡醃漬

用芝麻油煎熟，趁熱放入醬汁裡。

▶

配菜②

炒蘆筍

等芝麻油預熱後用大火快炒，顏色變深時加點酒調味，蓋上蓋子悶1分鐘左右。

memo

青菜的烹煮訣竅在於「集中處理」

決定好便當菜色之後，一開始就把要用到的青菜集中一起切好，再進入烹調程序。這樣比每樣青菜各自「切完⇒烹煮」更省時。

10min

填空料理

製作玉子燒

倒入一半的蛋汁後放入生紫蘇葉，從較遠的那端往自己的方向把蛋捲起來，另一半作法也相同。

▶

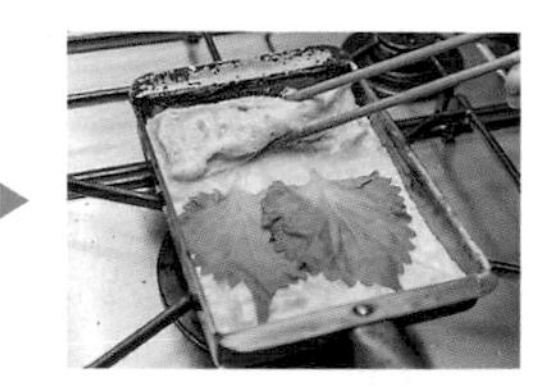

15min

主菜

用薄切豬肉片製作蜜汁烤豬

肉片兩面裹上低筋麵粉放入鍋中，邊煎邊炒、讓肉充分吸收醬汁。

▶

20min 完成！

裝便當的方法

掌握「爸爸便當」的擺盤基本要領！

1 裝入白飯

白飯大約裝便當盒的一半。飯的邊緣留一點斜度，讓菜更好放。

2 放入紫蘇玉子燒

在白飯旁立起來，先從有完整形狀的玉子燒開始裝入便當盒。

3 沿著白飯的邊緣排列烤胡蘿蔔片

接下來，放入有區隔效果和形狀比較完整的菜。

4 把芝麻炒蘆筍裝入紙模再放進便當

把容易散掉的配菜，整齊擺放到紙模中，再放進便當。

5 空隙中放入茄子

在便當內生紫蘇葉上面的空位，放入軟軟的配菜。

6 將豬肉片和醃漬菜放到白飯上

完成！！

把帶著美味醬汁的主菜放到白飯上，再用醃漬菜填滿便當空隙。

全家人的五個便當盒，形狀、大小、材質都不一樣。裝便當時也搭配每個人的年齡、需求量、喜好等等，用豐富多樣的方式來擺盤吧！

一家五口每日便當的擺盤重點！

爸爸便當

肉不用切，直接放到便當裡，讓白飯吸收醬汁之後更美味。

把茄子切成小塊，放進空隙中。茄子皮朝上看起來更美觀。

媽媽便當

飯量稍微少一點，撒上一些調味料，讓視覺上的效果更繽紛。

因為飯量減少，所以能多放一些蔬菜，立起來裝入便當盒。

哥哥便當

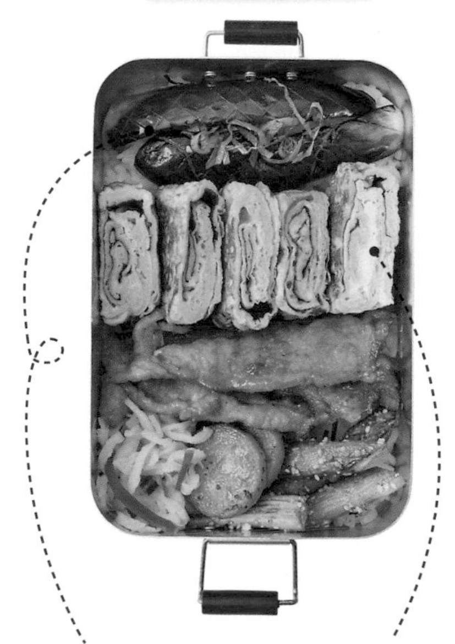

白飯鋪滿整個便當最底層，上面放主菜和配菜。

配菜放比較大的，讓畫面上有分量，提高飽足感。

姊姊便當

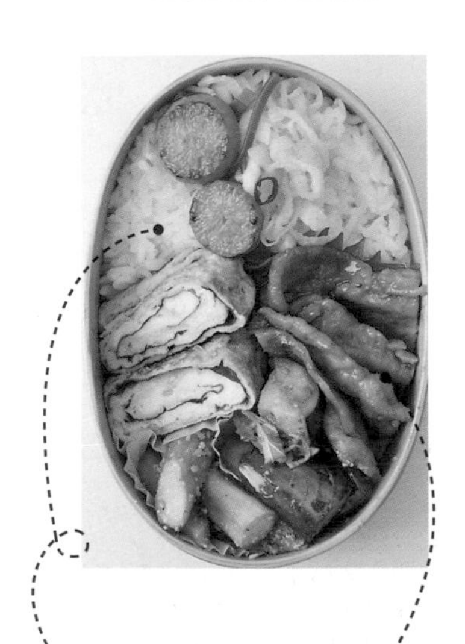

飯量雖然少，但放入豐富配菜讓便當看起來不無聊。

切成適合入口的大小，在白飯旁立著裝入便當盒。

幼稚園兒童便當

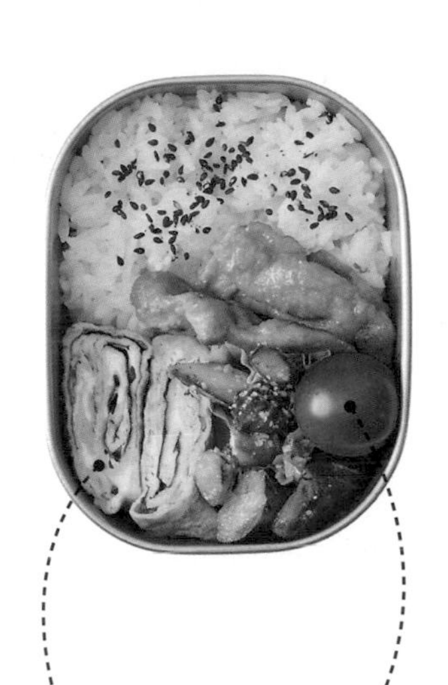

好看和顏色鮮豔是重點，用心讓孩子吃得開心。

用小番茄取代比較鹹或偏辣的配菜，豐富菜色。

野上媽媽的

爸爸便當 ①

推薦極具分量感的
菜色搭配白飯！

活力滿點能量便當

如果都只放分量夠、吃得飽的菜，便當容易看起來都偏茶色。考量均衡配色來挑選食材，排出色彩豐富又可以吃得滿足的便當吧！

message

把裝著滿滿能量的便當，獻給每天辛苦工作的爸爸

「雖然想讓他攝取豐富的蔬菜，但如果吃完便當還覺得空虛，又會覺得有點心疼；還是要吃到讓人滿足的便當，才會幸福。要是單用肉類當作蛋白質的來源，想準備到足夠分量，常常就會不小心用了整盒肉卻只做了一人份的便當。這種時候，可以用蛋和豆製品來補充蛋白質；如此一來，除了動物性蛋白質，還可以攝取到植物性蛋白質，好處多多。

在做油炸料理時，我覺得油只用一次就倒掉非常可惜，所以我會先炸蔬菜，再炸容易把油弄髒的魚和肉，這是我的鐵則。青菜裹上油炸麵衣，完全不輸炸肉片，絕對可以升格為一道主要配菜；把其他青菜炸酥，再放入柚子醋裡醃漬，還可以當成晚餐配菜，剛好一舉兩得。」

裝進便當內的菜

鹹味的菜可以多準備一點，再加一些偏酸和偏甜的菜搭配。

主菜

味噌炸豬排 ⇒P54

配菜①

味噌水煮蛋福袋 ⇒P76

配菜②

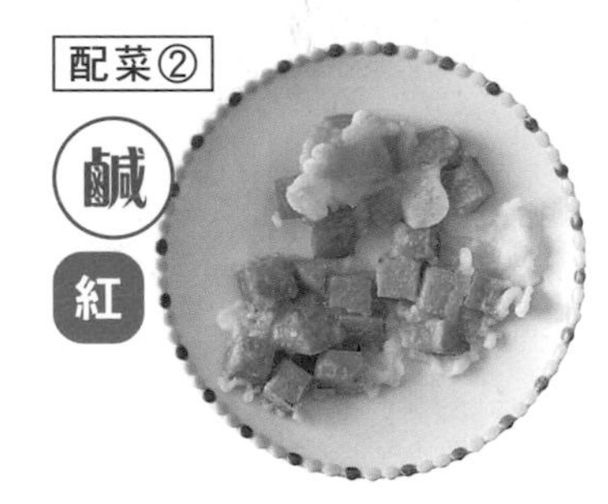

酥炸胡蘿蔔 ⇒P82

配菜③

涼拌芝麻小松菜 ⇒P102

配菜④

巴薩米克醋醃茄子 ⇒P89

主食

米飯

使用單柄鍋＋微波爐＋平底鍋
同時做4道料理！

活力滿點能量便當 製作時間表

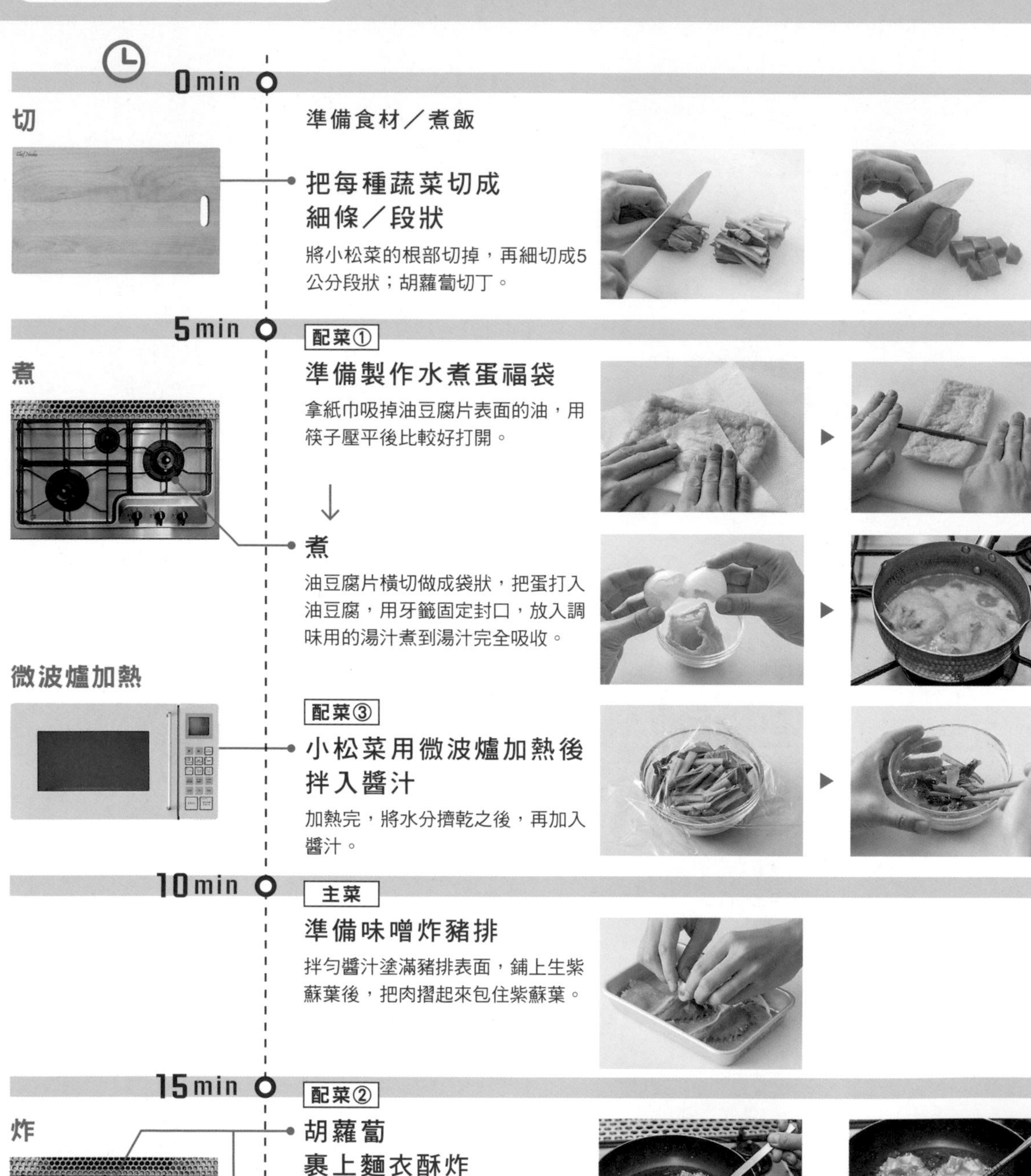

0min

切

準備食材／煮飯

把每種蔬菜切成細條／段狀

將小松菜的根部切掉，再細切成5公分段狀；胡蘿蔔切丁。

5min

配菜①

煮

準備製作水煮蛋福袋

拿紙巾吸掉油豆腐片表面的油，用筷子壓平後比較好打開。

↓

煮

油豆腐片橫切做成袋狀，把蛋打入油豆腐，用牙籤固定封口，放入調味用的湯汁煮到湯汁完全吸收。

微波爐加熱

配菜③

小松菜用微波爐加熱後拌入醬汁

加熱完，將水分擠乾之後，再加入醬汁。

10min

主菜

準備味噌炸豬排

拌勻醬汁塗滿豬排表面，鋪上生紫蘇葉後，把肉摺起來包住紫蘇葉。

15min

配菜②

炸

胡蘿蔔裹上麵衣酥炸

用湯匙將胡蘿蔔撈至油鍋內酥炸，炸到兩面都呈金黃色。

主菜

油炸味噌豬排

裹上油炸麵衣之後油炸至呈深金黃色，確實將油瀝乾。

完成

20min

一起把飯菜
裝入便當盒！

裝便當的方法

start！

1 裝入白飯

白飯大約裝便當盒的一半，邊緣的地方留一點斜度。

2 鋪上生紫蘇葉，再放上味噌炸豬排

把生紫蘇葉當成間隔，從最有分量的主菜開始裝。

3 放入酥炸胡蘿蔔

將炸蘿蔔立起來，並排擺放在白飯的旁邊。

4 放入水煮蛋福袋

接著，將形狀完整的油炸福袋裝入便當盒中。

5 空隙中放入涼拌芝麻小松菜

在便當的空位放入軟軟的涼拌芝麻小松菜，將空隙填滿。

6 巴薩米克醋醃茄子

完成！！

最後，將茄子配菜放在白飯上，加了紫色讓便當顏色更吸睛。

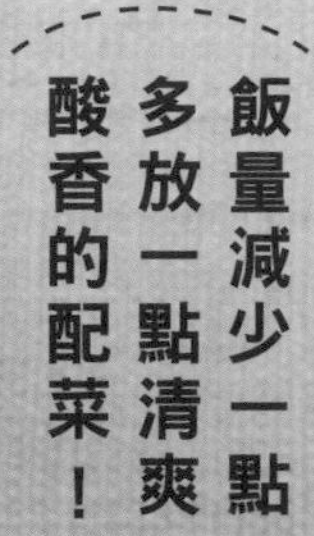

這樣就能
解決三高問題！

減醣瘦身甩油便當

為了讓有三高問題的爸爸降低醣質的攝取，刻意減少飯量。稍微增加有飽足感的配菜，補足減少的飯量，一起做出營養均衡的便當吧！

message

用減醣便當來支持
擔心三高、努力瘦身的爸爸們！

「

我很喜歡吃油豆腐。油豆腐有什麼好處呢？它非常有嚼勁、口感很好，不用像肉或魚煮那麼久，很快就能熟透，重點是很健康。要執行減醣計畫而減少飯量、不得不增加便當配菜時，就是讓油豆腐登場的好時機。

我和先生吃同樣的便當時意識到，為了不讓他覺得吃不飽，增添酸味和香味等「味道的層次」以及「有嚼勁」非常重要。酸味可以避免使用過多的鹽和糖調味，香味也能增加味道的層次。建議把食材切得稍微大一些，增加咀嚼的時間，也能有效提升飽足感。

」

裝進便當內的菜

蛋白質多一點，讓烹調方式或調味稍作變化，以免吃膩。

主菜

涼拌牛肉 ⇒P61

配菜①

柚子醋拌豆腐 ⇒P77

配菜②

檸檬醃紅椒 ⇒P85

配菜③

起司炒杏鮑菇 ⇒P112

填空料理①

香嫩炒蛋球 ⇒P131

填空料理②

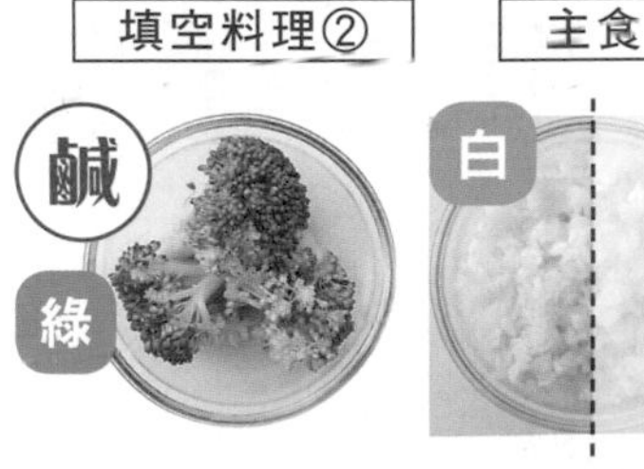

汆燙青花菜

主食

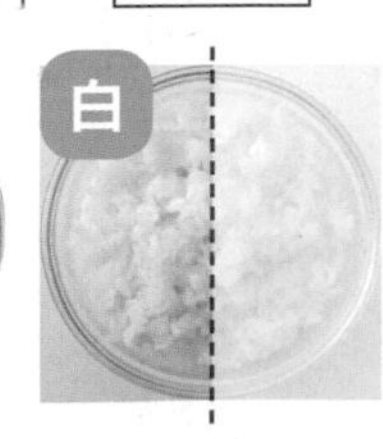

白飯

使用微波爐＋單柄鍋＋平底鍋，
同時做6道料理！

減醣瘦身甩油便當 製作時間表

0min

切

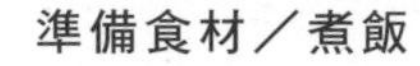
準備食材／煮飯

把每種食材切成細條／段狀

胡蘿蔔、小黃瓜用鹽搓洗後瀝乾。

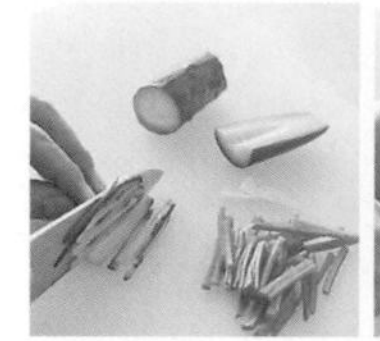

微波爐加熱

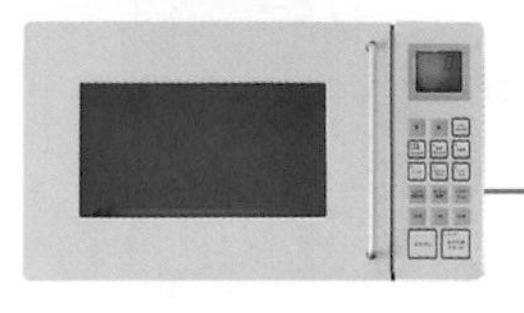

配菜① **油豆腐切塊**

先用紙巾按壓油豆腐，將表面的油吸掉後，切成容易入口的大小。

▶

配菜②

加熱甜椒

加熱後和洋蔥一起用鹽搓洗，再將水分瀝乾。

5min

煮

主菜　填空料理②

依序將青花菜、牛肉煮熟

青花菜汆燙後，用篩網撈起來瀝乾。牛肉煮至全熟後，用篩網撈起，再用冷水清洗，鎖住肉汁。

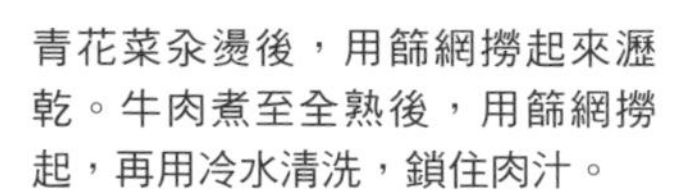

▶

10min

涼拌

主菜　配菜②

牛肉與胡蘿蔔小黃瓜拌勻、檸檬醃紅椒洋蔥拌勻

加入醃醬後混合均勻，放入冰箱約10分鐘讓肉入味。

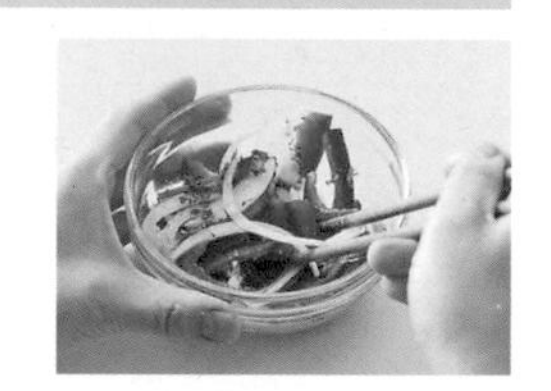

15min

炒

填空料理① **製作香嫩炒蛋球（P131）**

稍微放涼後用保鮮膜包住，調整成小球狀，並放在一旁冷卻。

配菜③

炒杏鮑菇

把炒蛋時的殘渣擦拭乾淨，在平底鍋中倒入橄欖油預熱，加入起司粉下去拌炒杏鮑菇，讓整體顏色變得更好看。

▶

配菜①

煎油豆腐

用芝麻油兩面煎後緩緩倒入柚子醋，轉小火煎至油豆腐完全吸收醬汁。

▶

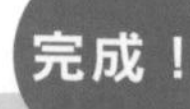
完成！

25min

一起把飯菜
裝入便當盒！

裝便當的方法

start!

1 裝入白飯和柚子醋拌豆腐

裝入比平時略少的白飯，並在旁邊放入柚子醋拌豆腐。

2 放入起司炒杏鮑菇

將起司炒杏鮑菇放入便當盒空位。

3 裝入涼拌牛肉

把涼拌牛肉裝入便當盒至半滿。

4 裝進檸檬醃紅椒

檸檬醃紅椒裝進小紙模。

5 放入香嫩炒蛋球

將形狀完整的香嫩炒蛋球放入旁邊的空位上。

6 空隙處塞入汆燙青花菜

完成！！

最後把汆燙青花菜裝進剩下的空隙，增加色彩豐富度。

幫自己做
美肌便當

蔬菜滿滿
高纖便當

每天辛苦工作，真希望可以隨時維持在最佳狀態。最近似乎是因為年紀大了，覺得自己有點變胖，肌膚看起來也比較暗沉。讓我們用豐富的蔬菜做點綴，幫自己做一個健康又美顏的便當吧！

message

最近正在瘦身，今天午餐吃健康的高纖便當！

「古斯米（註）被喻為世界上最小的義大利麵，比白飯、一般常見的義大利麵更快煮熟，非常適合作為便當食材。我這次選用的是大粒全麥麵粉製成的古斯米，所以需要烹煮過，一般小粒的古斯米，只需要淋上熱水放幾分鐘就可以了。冷卻後味道也不會改變，吸收力非常好，跟蔬菜或醬料拌在一起，立刻就能入味。

此外，如果便當裡不帶肉和魚，就不用一直洗砧板，烹調程序也能一下子就完成，非常輕鬆。用各種顏色鮮豔的蔬菜，就不用再花時間切成不同造型裝飾，用食材原本的顏色和形狀就能做出繽紛美味的便當。」

裝進便當內的菜

至少做一道有嚼勁的配菜，其他則用味道和色彩豐富的配菜來組合。

主菜

時蔬歐姆蛋 ⇒P131

配菜①

柚子醋拌青花菜 ⇒P101

配菜②

鹽燒大頭菜 ⇒P122

配菜③

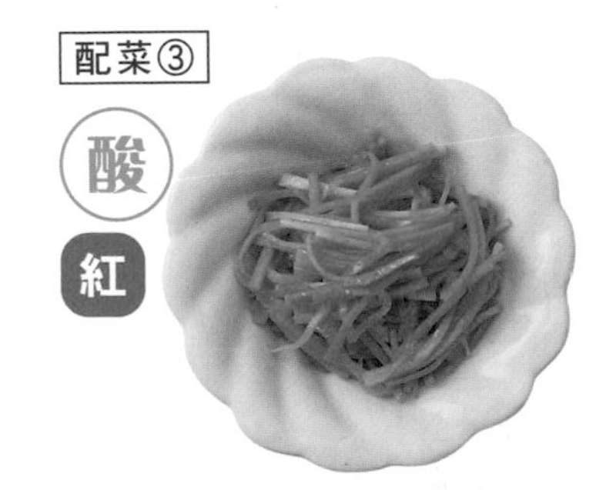

涼拌胡蘿蔔絲 ⇒P83

配菜④

地瓜球 ⇒P91

主食

古斯米

編註：又稱庫斯庫斯，台灣各大量販店均有販售。

使用微波爐＋單柄鍋＋平底鍋，
同時做4道料理！

蔬菜滿滿高纖便當 製作時間表

0min

切

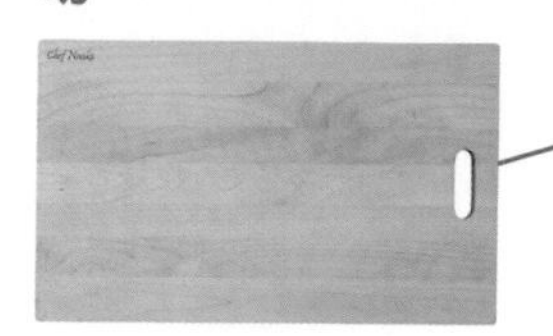

準備食材

把每種食材切成細條／段狀

胡蘿蔔切細絲，大頭菜、花椰菜切成一口大小；歐姆蛋食材全部切丁。

5min

微波爐加熱

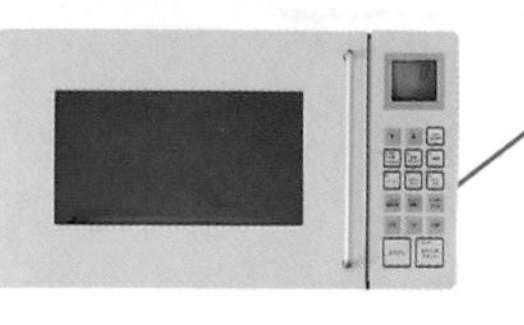

配菜①

青花菜用微波爐加熱

加熱後的青花菜稍微放涼，用紙巾包起來吸乾水分。

10min

加熱

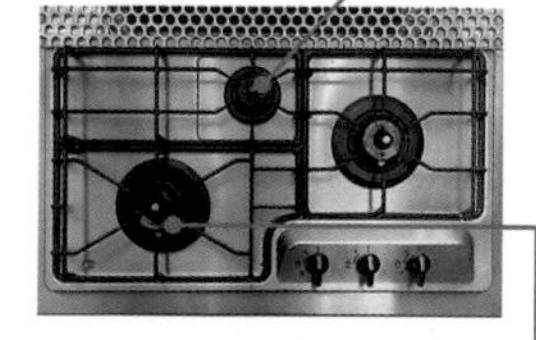

主菜

加熱古斯米

參照圖示，把古斯米放入滾水中加熱。

配菜②

鹽燒大頭菜

在平底鍋內倒入些許橄欖油煎大頭菜，等到表面呈金黃色後，撒上鹽和胡椒調味。

主菜

製作時蔬歐姆蛋

將蔬菜炒熟後倒入蛋汁，蓋上蓋子等兩面蒸熟。

20min

涼拌

配菜①

把青花菜和鮪魚罐頭拌在一起

配菜③

涼拌胡蘿蔔絲

拌入古斯米中

完成！

25min

一起把飯菜
裝入便當盒！

裝便當的方法

start!

1 涼拌胡蘿蔔絲拌入古斯米，一起裝入便當

將這兩樣菜鋪在便當底部，再另外放入一個裝配菜用的紙模。

2 將時蔬歐姆蛋整齊放入

先把體積較大的歐姆蛋，放進便當稍微重疊。

3 正中間放入柚子醋拌青花菜

青花菜和鮪魚交錯擺盤，橫列在歐姆蛋旁邊。

4 放入鹽燒大頭菜

用看得見葉子的角度，整齊朝同一個方向排列。

5 最後放入地瓜球

在一開始空出來的地方放入紫地瓜增色，也把檸檬一起放進去吧！

memo

最後用紫色地瓜加強整體色彩印象

結合便當基本的5種顏色：紅、黃、綠、白、茶色後，就能讓整個便當色彩非常均衡，並促進食慾。如果再加入紫色，便當瞬間就會變得多采多姿，豐富整體的色彩印象。視全體的顏色均衡來裝便當吧！

用預先做好的備料做丼飯料理節省時間！

超簡單
卻超美味！

超省事懶人便當

忙碌的早上就是活用常備菜的好時機。處理過的雞絞肉加上蛋汁就能變身滑蛋料理，簡單又方便，一起來快速做出美味便當吧！

message

太忙、沒時間做便當……
這時就輪到懶人便當出場囉！

「丼飯料理省時又好吃！其中，我私心覺得最棒的是滑蛋料理。不只是帶便當，晚上趕著做飯時，滑蛋料理就是我的大絕招。不論是搭配薄切雞肉、豬肉、牛肉、豆腐、油豆腐、竹輪、沙丁魚或鮪魚罐頭都沒問題，搭配各種蔬菜也適合，用醬油和味醂調味，做成滑蛋料理蓋在飯上，只要5分鐘就能完成，鹹鹹甜甜非常美味！

接著再放一些冰箱中的常備菜就大功告成。特別是醃漬菜酸甜清爽的口感，跟西式、中式、日式料理都很搭。沒有常備菜的話，也可以放顆小番茄，或買市售的醃漬小菜。只要10分鐘，連擺盤都能輕鬆完成！」

裝進便當內的菜

以常備菜為主，調味則用入味又清爽的配菜來搭配組合。

主菜

甜 茶

雞肉肉燥 ⇒P67

配菜①

鹹 綠

芥末醬油拌小松菜 ⇒P103

配菜②

酸 白 黃

柚子大頭菜甘醋漬 ⇒P123

和洋蔥一起
做成滑蛋料理
蓋在白飯上

黃

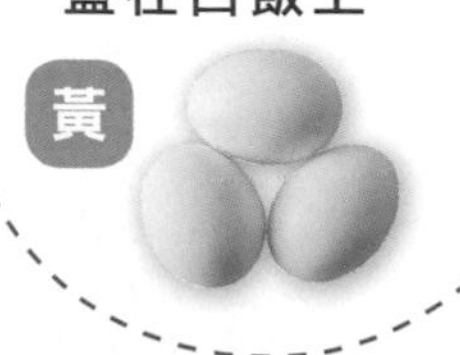

填空料理

酸 紅

小番茄

主食

白

白飯

memo

小番茄是超棒的懶人食材！

小番茄是帶便當時非常好用的懶人食材，除了可以增添一抹紅色之外，直接放進便當也能變成一道美味的蔬菜。

常備菜再烹調
非常簡單！

超省事懶人便當 製作時間表

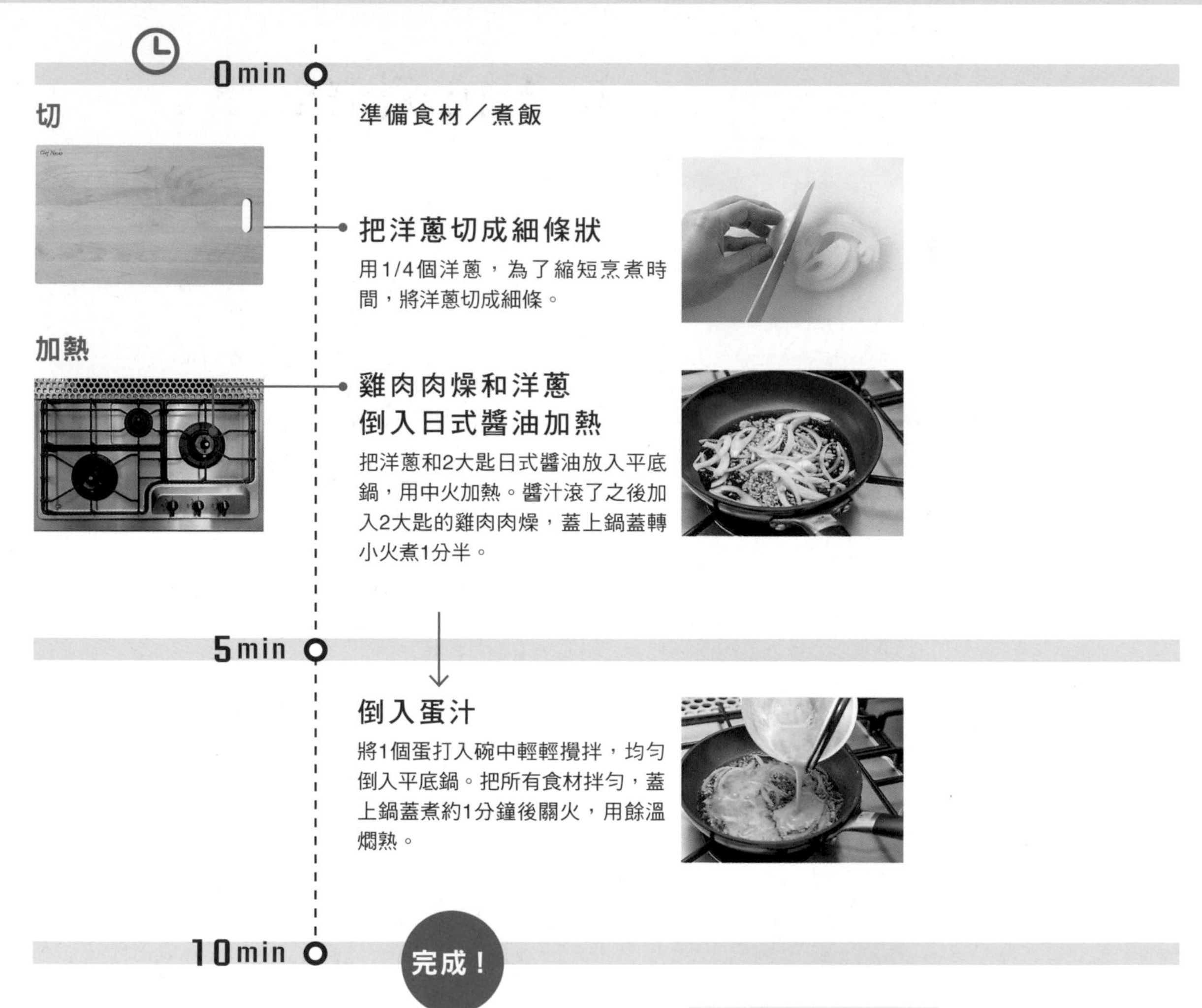

0min

切

加熱

準備食材／煮飯

把洋蔥切成細條狀

用1/4個洋蔥，為了縮短烹煮時間，將洋蔥切成細條。

雞肉肉燥和洋蔥倒入日式醬油加熱

把洋蔥和2大匙日式醬油放入平底鍋，用中火加熱。醬汁滾了之後加入2大匙的雞肉肉燥，蓋上鍋蓋轉小火煮1分半。

5min

倒入蛋汁

將1個蛋打入碗中輕輕攪拌，均勻倒入平底鍋。把所有食材拌勻，蓋上鍋蓋煮約1分鐘後關火，用餘溫燜熟。

10min

完成！

memo

沒時間沒關係，下點功夫也能讓做便當變輕鬆！

總是嚷著早上沒時間做便當、總是吃冷凍食品的話，不覺得很難受嗎？大力推薦你這道丼飯料理，短時間就能做好。多多利用常備菜和填補空間的配菜，就能省下許多步驟，讓做便當變輕鬆。

一起把飯菜裝入便當盒！

裝便當的方法

start!

1 裝入白飯

將飯裝入便當盒，稍微空出便當邊緣的位置。

2 把滑蛋雞肉蓋在白飯上

把滑蛋雞肉倒在白飯上面蓋住白飯，醬汁也一起倒進便當盒。

3 柚子大頭菜甘醋漬放在紙模上裝入便當

把瀝乾醬汁的柚子大頭菜甘醋漬放在紙模上，裝入便當邊緣。

4 在空隙處放入芥末醬油拌小松菜

在剩下的空位放入清爽口感的配菜，用不同的味道讓味覺休息。

5 放顆小番茄

注意整體的顏色搭配，把紅色小番茄放在小松菜上。

6 在滑蛋上撒海苔絲

最後放上深色的海苔絲，豐富整體的色彩印象。

野上媽媽的

國高中生便當 1

非常有
飽足感！

營養滿分
愛心便當

裝入能充分攝取蛋白質的雞肉三明治和豐盛青菜，營養和分量都滿分。獻給想為兒子加油的媽媽們，把滿滿的愛裝入成長期孩子的便當吧！

記得多攝取一些蔬菜！

message

為了在學校活動中努力的兒子，製作飽足感十足的三明治！

「　國高中正值孩子的發育期，特別是參加運動社團、每天都操練到流汗，不管男生女生都需要豪爽地大快朵頤，便當帶得比文具多也都是家常便飯。中午時間要練習、需要早點吃完便當時；有比賽外出，需要在球場或體育館裡解決一餐的時候，可以用單手拿著吃的料理最方便了。

　自製三明治的好處，可以夾入大量肉類和蔬菜。看外觀就能勾起食欲，吃了也能感到滿足。總之把料夾進去就對了，可以縮短裝便當的時間，不需要太多種類的配菜，而且使用一次性容器，還能減少帶回家的書包重量。」

裝進便當內的菜

用高蛋白質的雞肉、運動前能快速補充能量的配菜為主來搭配。

印度烤雞腿肉 ⇒P62

甜醋漬紫高麗菜 ⇒P87

配菜①

馬鈴薯沙拉 ⇒P125

主菜＆主食

總共用四片吐司麵包
來做大分量三明治！

配菜②

花生醬拌蘆筍 ⇒P106

配菜③

醬燒南瓜餅 ⇒P95

使用微波爐＋平底鍋，
同時做4道料理！

營養滿分愛心便當 製作時間表

前一天

主菜

先把印度烤雞腿肉調味好

輕輕擠出多餘的空氣密封起來，
放入冰箱冷藏一晚入味。

0min

切

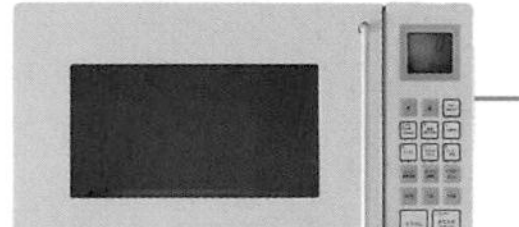

準備食材

把每種蔬菜切成細條／段狀

紫高麗菜用鹽搓洗後瀝乾，把蘆筍下半部莖的皮削掉。

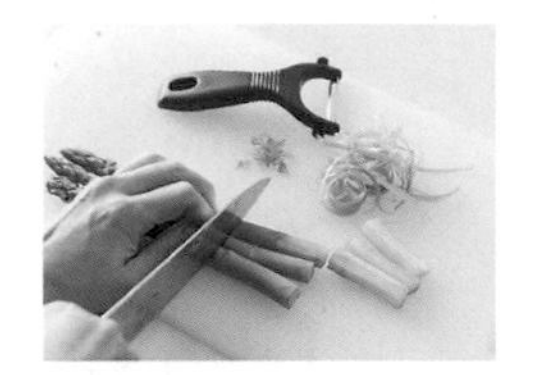

微波爐加熱

配菜②

用微波爐加熱蘆筍

加熱後的蘆筍，使用紙巾擦拭、確實把水分吸乾。

配菜①

加熱馬鈴薯和胡蘿蔔

加熱變軟後，趁熱把馬鈴薯和胡蘿蔔壓成泥狀。

10min

烤

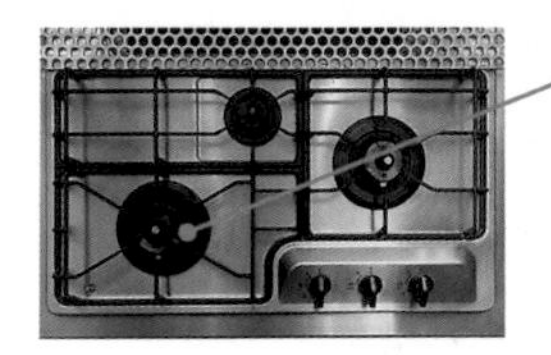

主菜

印度烤雞腿肉放入平底鍋中煎烤

沙拉油倒入平底鍋中，預熱後再煎烤，讓印度烤雞腿肉完全熟透。

15min

涼拌

主菜

做甜醋漬紫高麗菜

配菜②

做花生醬拌蘆筍

配菜①

做馬鈴薯沙拉

製作三明治

主食

吐司上面塗上奶油

食材夾進吐司

完成！

一起把飯菜
裝入便當盒！

裝便當的方法

start！

1 三明治對半直切 放入便當盒

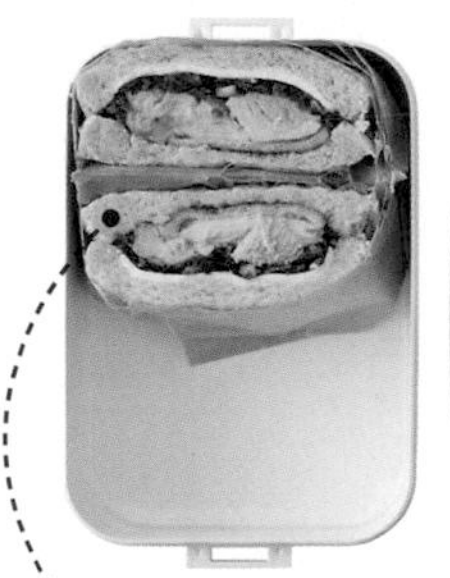

把三明治固定好後對半切開，就不容易變形。

2 另一個三明治 也用相同做法

切面朝上擺放，讓便當看起來飽滿美味。

3 裝入馬鈴薯沙拉

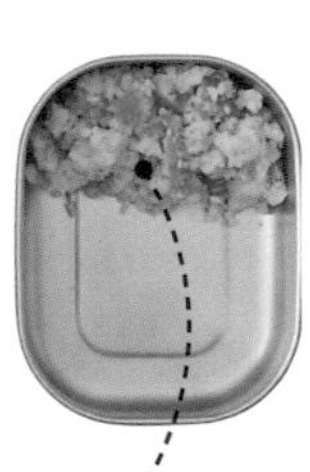

先把容易固定形狀的馬鈴薯泥裝入便當的邊緣。

4 花生醬拌蘆筍放在 紙模上裝進便當盒

為了不讓醬汁染到其他配菜，把花生醬拌蘆筍放在紙模上再裝進便當。

5 最後放入醬燒南瓜餅

完成！！

把醬燒南瓜餅立起來，放入最後的空位裡。

memo

先用烘焙紙把三明治確實包起來再對半切開

想把三明治切得好看不容易，訣竅是先用烘焙紙把三明治固定後再切。再來要用好切的菜刀，從正中間切成兩半。想切得漂亮，就要先用刀尖刺進去再切。

不容易打瞌睡
的便當♪

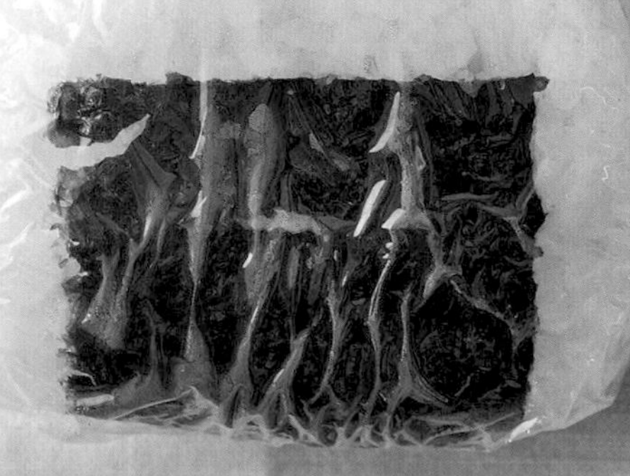

以合格
為目標！

不打瞌睡
補習便當

可以在上補習班前或休息時間享用，選擇有飽足感、能提升注意力的配菜來組合。媽媽們一起做便當幫努力念書到深夜的孩子打氣吧！

Message

為了努力準備考試的女兒，準備不會打瞌睡、能提升注意力的便當

「我以前採訪過一位腦科學教授，問他：「什麼便當吃了頭腦會變好？」他說了一句話讓我印象非常深刻：「比起吃了變聰明，口感和顏色豐富的食物更能刺激大腦。」說雖如此，但要在一大早做好孩子午餐和補習班的便當，又要兼顧色彩豐富度，做點簡單又沒有負擔的菜色是個不錯的選擇。

孩子上補習班還要帶教材，便當以重量輕、不會造成負擔，短時間能吃完又有飽足感、好消化的食材為主。女兒在準備考試的時候，拜託我不要幫她帶「味道太重的菜」，因為他們大部分都在開放空間解決便當，如果配菜味道太重就會影響到旁邊的人，沒辦法專心好好享用便當。」

裝進便當內的菜

減少碳水化合物、增加能補充營養的配菜來搭配。

梅香蒸雞 ⇒P65

涼拌薑絲黃瓜 ⇒P110

水煮蛋

牛蒡炒牛肉 ⇒P59

使用單柄鍋＋微波爐，
同時做4道料理！

不打瞌睡補習便當 製作時間表

0min

滾煮

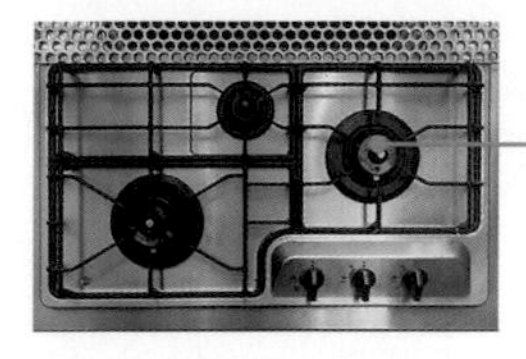

準備食材

填空料理

水煮蛋

把雞蛋放入單柄鍋內煮熟，水量要幾乎蓋過雞蛋。

切

把每種蔬菜切成細條／段狀

用刨刀將小黃瓜間隔去皮，切成滾刀塊；生薑和生紫蘇葉切絲。

涼拌

配菜

涼拌小黃瓜

生薑、生紫蘇葉絲和鹽拌在一起，放入冰箱約15分鐘以上。

8min

微波爐加熱

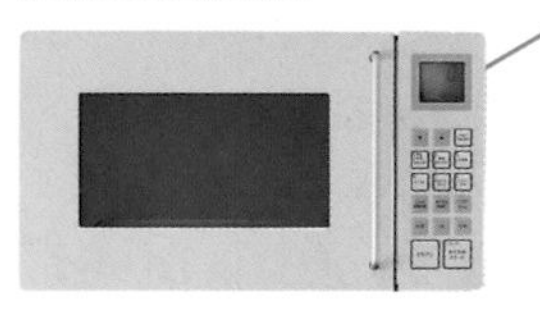

主菜

用微波爐加熱雞里肌肉

將梅乾放在里肌肉上，撒上胡椒，加些酒調味，用保鮮膜包起來。

13min

完成

完成

用微波爐加熱約4～5分鐘，撒上紫蘇葉絲就大功告成。

15min

製作飯糰

主食

捏飯糰

趁白飯還有餘溫時比較好塑型，也比較好捏。

完成！

碗中鋪一層保鮮膜，先放白飯後再放食材。

▶

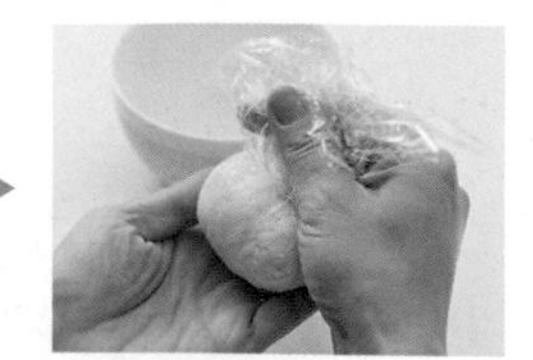

飯糰捏成球狀，把食材完全包起來

▶

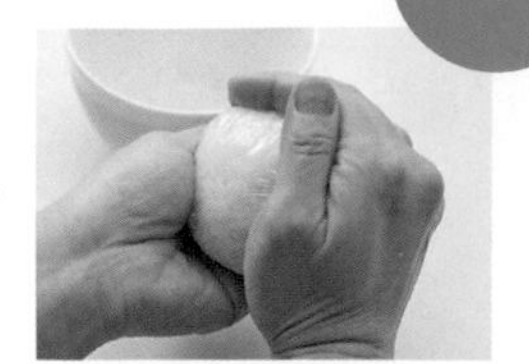

把飯糰捏緊，拿掉保鮮膜放涼。

一起把飯菜裝入便當盒！

裝便當的方法

start!

1 梅香蒸雞對半切開放入便當

把看得見梅乾和紫蘇葉絲的切面朝上擺入便當盒。

2 水煮蛋切成兩半放入便當

將蛋的切面朝上並列擺放，增加色彩華麗度。

3 涼拌薑絲黃瓜先放紙模上再裝入便當

涼拌薑絲黃瓜瀝乾醬汁後，先放在紙模上再裝入便當。

4 蛋黃上撒黑芝麻點綴再附上飯糰

完成！！

撒黑芝麻點綴，讓便當整體看起來更美味。

飯糰捏完放涼後，貼上一片海苔，再用保鮮膜包起來。

memo

補習便當裡的碳水化合物少一點比較好！

補習便當應該最優先考量到口感和色彩的豐富程度。此外，分量不要準備太多，能在短時間內吃完最佳。如果碳水化合物太多，會讓孩子容易想睡，造成注意力不集中，所以要儘量減少碳水化合物的食材。

直接用手抓著吃♪

三明治遠足便當

遠足對孩子來說，每個看到的東西都很新鮮，這時最推薦做起來簡單方便又能直接拿著吃的三明治和配菜，讓孩子輕鬆帶著走。

message

帶出門的便當以能直接抓著吃的三明治和配菜為主

「遠足時，比起享受吃便當的時間，孩子們一定更想趕快吃完，特別是我家兒子，吃飯速度不快，但總是想早點吃完跑去玩！這時候就要準備比平常的分量少一點、吃起來方便的形狀，並放入他最愛的食物來製作便當。

可以拿著吃的漢堡、一口大小的青花菜和小番茄，是我們家的招牌菜單。不用特別限定麵包種類，用孩子好拿的圓形或橢圓形餐包來做即可。讓孩子在午餐時間時不要手忙腳亂，而是能和朋友一起開心用餐、全部吃光並盡興回家，這才是最重要的。」

裝進便當內的菜

主要以方便拿著吃、容易裝入便當，形狀圓圓的配菜來搭配。

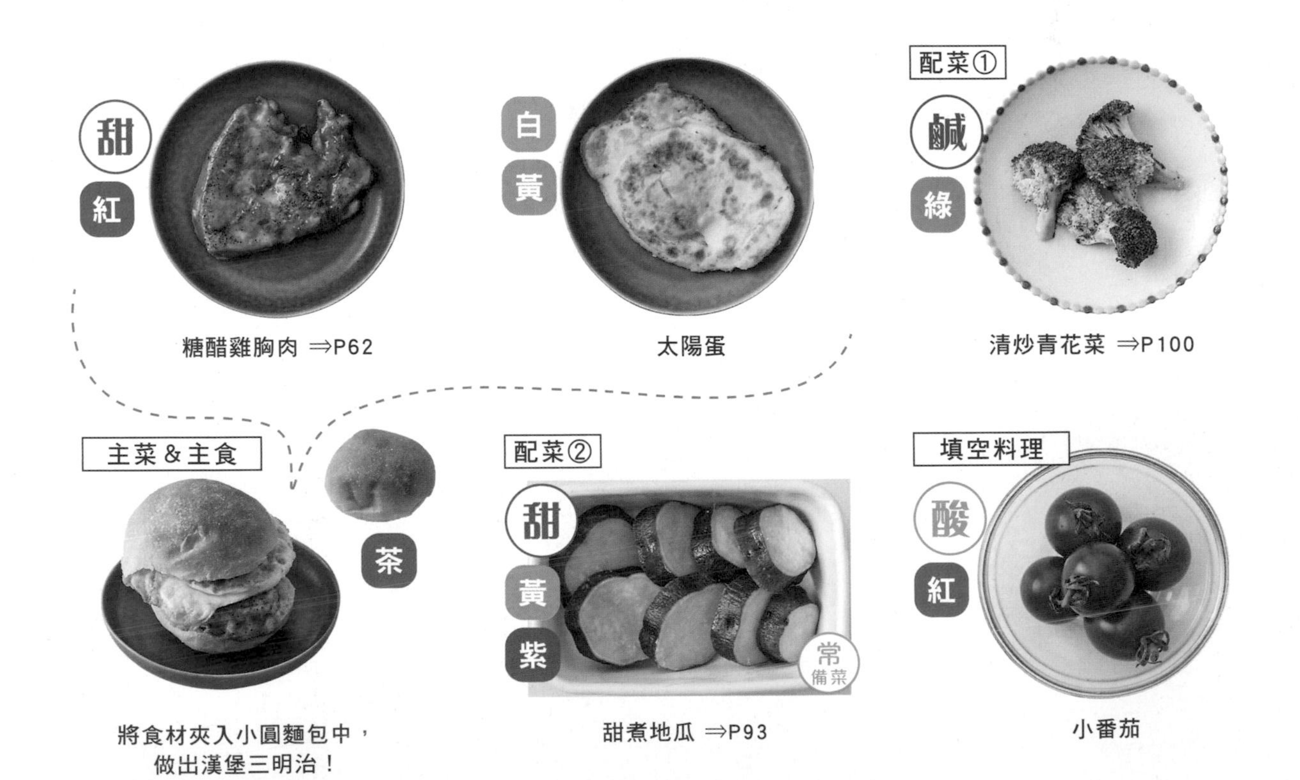

糖醋雞胸肉 ⇒P62

太陽蛋

清炒青花菜 ⇒P100

將食材夾入小圓麵包中，做出漢堡三明治！

甜煮地瓜 ⇒P93

小番茄

使用平底鍋，
同時做3道料理！

三明治遠足便當 製作時間表

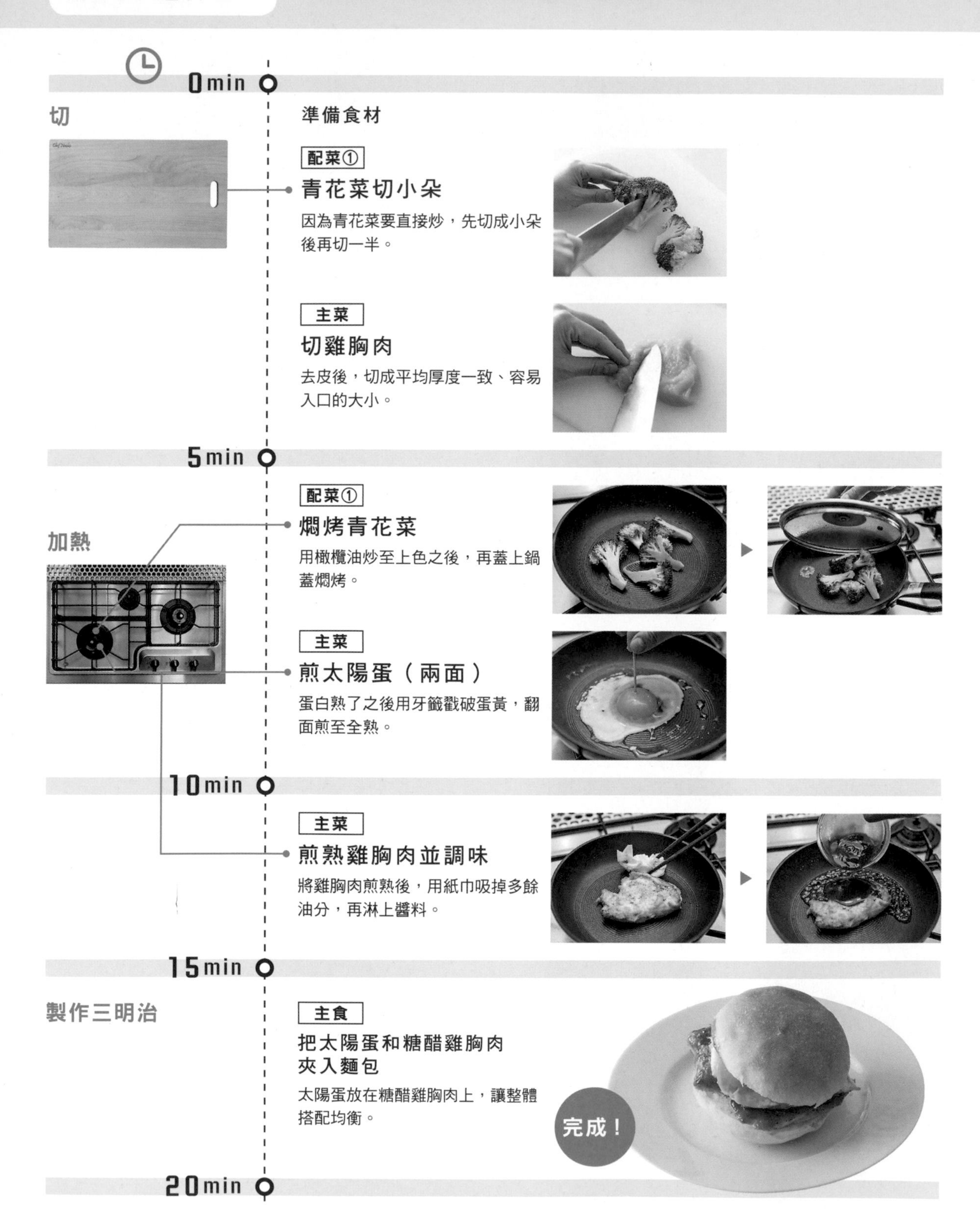

0min

切

準備食材

配菜①

青花菜切小朵

因為青花菜要直接炒，先切成小朵後再切一半。

主菜

切雞胸肉

去皮後，切成平均厚度一致、容易入口的大小。

5min

加熱

配菜①

燜烤青花菜

用橄欖油炒至上色之後，再蓋上鍋蓋燜烤。

主菜

煎太陽蛋（兩面）

蛋白熟了之後用牙籤戳破蛋黃，翻面煎至全熟。

10min

主菜

煎熟雞胸肉並調味

將雞胸肉煎熟後，用紙巾吸掉多餘油分，再淋上醬料。

15min

製作三明治

主食

把太陽蛋和糖醋雞胸肉夾入麵包

太陽蛋放在糖醋雞胸肉上，讓整體搭配均衡。

完成！

20min

一起把飯菜裝入便當盒！

裝便當的方法

start!

1 裝入三明治

先鋪烘焙紙在便當盒內，把三明治放入便當左側。

2 甜煮地瓜放進紙模再裝入便當

為了不讓醬汁沾到麵包，先把做好的甜煮地瓜放在紙模上再裝入便當。

3 把清炒青花菜放進便當

青花菜放涼後，立起來放進便當盒的剩餘空間。

4 剩餘空位放入小番茄

將口感清爽的小番茄放入空位上，同時增加便當色彩。

野上媽媽的

幼稚園便當 2

讓吃便當變成
最開心的事！

口口心情好！上學便當

我希望孩子從小就能吃到各種食材、營養均衡，也讓孩子能期盼午餐時間的到來，一起把滿滿的愛和營養裝入便當中吧！

message

花點功夫裝入各樣食材和配菜，讓孩子吃得開心

當孩子把便當吃得精光，回到家就會打開便當，得意洋洋地對我說：「看！我全部吃光了！」不過，要是有剩下飯菜就會無精打采。一般人帶便當的招牌配菜裡一定會放炸雞塊，但我們家的便當通常沒有這一道。因為他們用來帶便當的菜通常都不是早上做，而是在前一晚就做好的配菜。

另外我也常常聽到有媽媽抱怨，孩子只吃自己喜歡吃的，便當總是都裝一樣的菜，其實我們家的孩子也一樣，便當裡的綠色青菜只有3種。不過，隨著孩子成長，他想吃的東西也會漸漸增加，這時再讓孩子吃到不同的食材就可以了。每天可以吃他喜歡的蔬菜，也是一件不錯的事呀！

裝進便當內的菜

除了注意便當整體色彩和食材分量之外，也要留心食材的大小是否讓孩子好入口。

主菜

炸雞腿塊 ⇒P63

配菜①

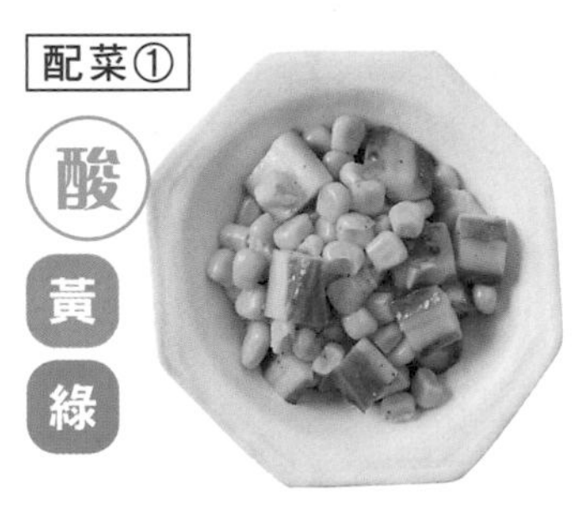

清脆玉米沙拉 ⇒P97

配菜②

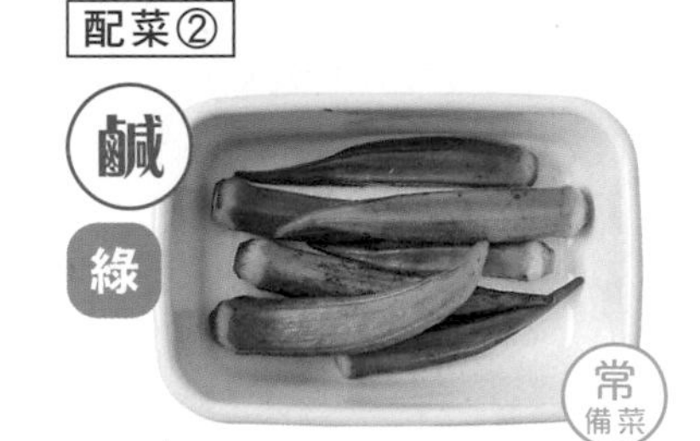

鹽煮秋葵 ⇒P105

配菜③

什錦煮 ⇒P118

配菜④

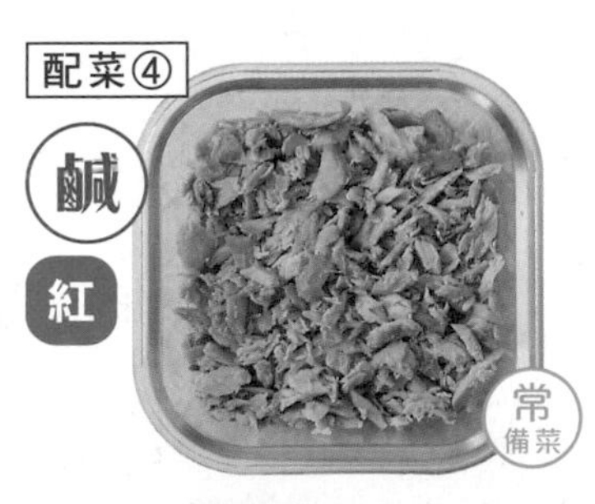

鮭魚碎肉 ⇒P69

主食

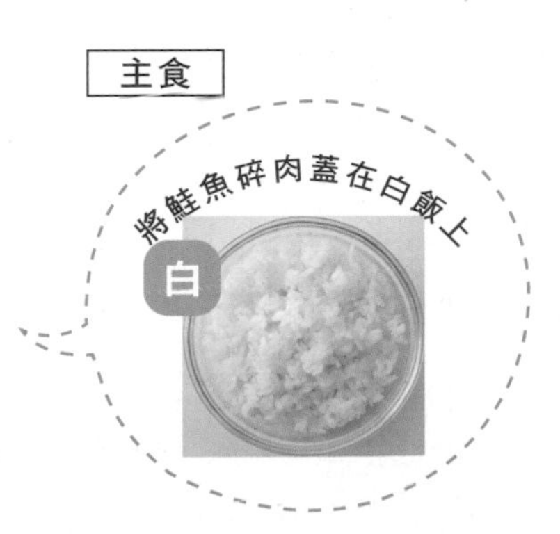

使用單柄鍋，
同時做4道料理！

口口心情好！上學便當 製作時間表

0min

準備食材／煮飯

泡發

配菜③

乾蘿蔔絲放入冷水中泡發

用冷水搓洗後，放入鍋中浸泡約10分鐘。

切

配菜①

切小黃瓜

用刨刀將小黃瓜間隔去皮後切丁。

配菜③

切胡蘿蔔和香菇

香菇去除根部切片，胡蘿蔔切成細條狀。

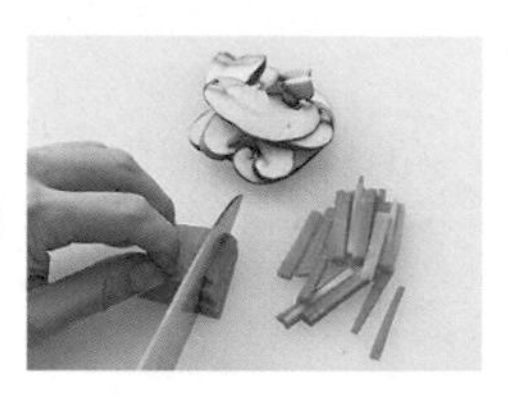

5min

加熱

同時加熱乾蘿蔔絲和蔬菜

把泡過的乾蘿蔔絲瀝乾後放入鍋中，跟蔬菜一起煮滾。

10min

涼拌

配菜①

製作小黃瓜和玉米沙拉

將玉米的水分完全瀝乾。蔬菜加入沙拉醬後，放置約10分鐘入味。

完成！

15～20min

memo

多做一些蘿蔔絲什錦煮

我很喜歡在便當裡放一點什錦煮。由於什錦煮不論是做一人份或多人份，花的時間都差不多，一次多做一些，冷藏起來就很方便。不只能用在便當，早餐晚餐也能當作一道料理，非常實用！

裝便當的方法

start!

1 裝入白飯

白飯大約裝便當盒的一半，邊緣的地方留一點斜度。

2 放入炸雞腿塊

把事先做好的炸雞腿塊用微波爐加熱，放在白飯旁。

3 清脆玉米沙拉放進紙模再裝入便當

玉米沙拉放在紙模上就不會散落，裝在炸雞腿塊旁邊。

4 蘿蔔絲什錦煮放進紙杯再裝入便當

蘿蔔絲什錦煮瀝乾醬汁後，放入剩餘空間內。

5 將鹽煮秋葵放入空隙

將秋葵插入空隙，放在茶色配菜旁，也有間隔便當菜色的功用。

6 鮭魚碎肉鋪在白飯上並撒上海苔

抓好鮭魚碎肉和海苔的位置鋪在白飯上，增添便當整體色彩。

column

讓做便當變得更輕鬆！

選擇食材＆調味料的小技巧

**如果可以簡單完成色彩豐富又美味的便當，做便當就會變輕鬆。
介紹選擇食材和調味料的小訣竅，
讓大家做出視覺、味覺都不會膩的便當。**

1 主菜食材 選擇快熟的食物

主菜推薦用薄切肉片或魚肉片等快熟食材，處理起來簡單，而且不論事前處理或烹調都很方便，短時間就能煮好。油豆腐吃起來很有飽足感，如果沒有肉或魚等主菜，也可以用油豆腐代替。

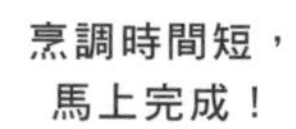

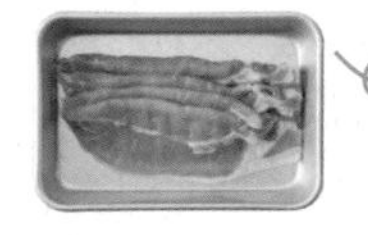

2 想著紅・黃・綠 來準備蔬菜

大部分便當主食的色調都偏白色、主菜則是茶色，為了具備便當的5種基本色，選擇配菜時就以紅、黃、綠為主吧！季節不同就換當令蔬菜，只要考量顏色上的搭配來選擇就沒問題了。

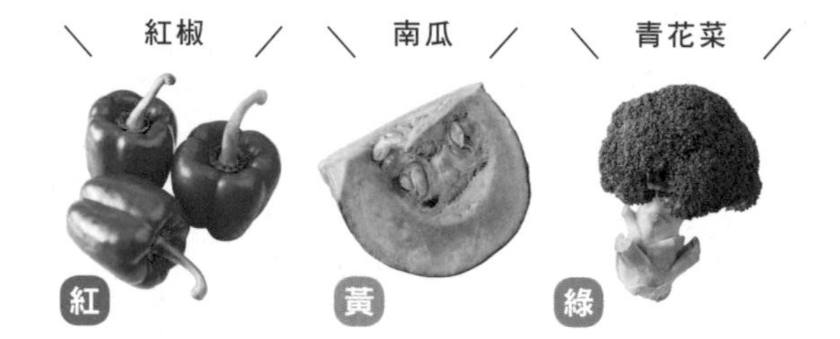

3 確保三種不同調味的 食材以及調味料

便當配菜只要有「甜、鹹、酸」這三種口味，就能平衡味覺、不會吃膩，做出令人滿足的便當。先記住這三種調味的基本食材和調味料，只要準備好「甜、鹹、酸」味的各種調味料，口味的層次也會更加多元。

・・・ 常備這些食材會更方便 ・・・

甜 食材＆調味料
- 南瓜
- 地瓜
- 玉米
- 糖
- 蜂蜜
- 味醂
- 鹽麴
- 番茄醬
- 蠔油
- 西京味噌
- 韓式辣醬　等

鹹 食材＆調味料
- 生薑
- 味噌
- 醬油
- 鹽
- 胡椒
- 豆瓣醬
- 咖哩粉　等

酸 食材＆調味料
- 檸檬
- 柚子
- 梅干
- 紅紫蘇粉
- 醋
- 柚子醋醬油
- 芥末醬
- 日式美乃滋　等

Part 2

肉・魚・豆製品

依食材分類

主菜

依照肉、魚、豆製品等食材種類，分別介紹便當主菜的調味 + 常備菜。
大家可以一邊思考家人喜好和帶便當的目的、口味組合等，一邊選擇適合的食譜。
關於食材的疑問，也會在本單元裡詳細回答。

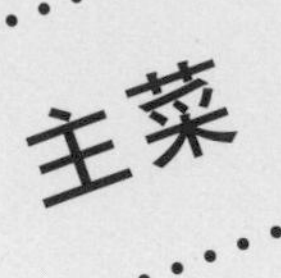

從  甜 鹹 酸

用味醂、糖、或蜂蜜調味的配菜

例如燉肉、燉魚、照燒或醬滷等，使用醬油、味噌、味醂、糖或蜂蜜等調味而成，帶有甘甜、鹹甜味的配菜。

蜜汁烤豬

⇒P54

用蜂蜜調味、鹹鹹甜甜的照燒豬肉，味道濃厚、軟嫩有彈性。

糖醋雞胸肉

⇒P62

將蜂蜜加入番茄醬中增加甜度，是一道孩子們都喜歡的配菜。

鹹

用鹽、醬油、味噌或辛香料調味

用鹽、醬油、味噌或辛香料等做出帶鹹味、辣味的主菜。除了常見的炒、煎、炸料理，中式和異國料理也常用。

味噌炸豬排

⇒P54

一般都用鹽和胡椒調味，不過改用味噌更能提味。

印度烤雞腿肉

⇒P62

用優格、咖哩粉、番茄醬、鹽等調味之後，呈現出香辣風味。

分類食譜+中選擇

做便當最重要的一點，就是要維持味道均衡。第一要先決定主菜食材，再從「甜、鹹、酸」食譜中挑出一道主菜。你也可以事先把幾道料理做好，沒時間做便當時就能馬上使用。

酸

用醋、日式美乃滋等酸味調味料或柑橘類醬料調味

用醋、葡萄醋、日式美乃滋，或柚子醋、檸檬等柑橘類調味料來調味，除了酸香爽口的配菜之外，酸甜或酸甜帶辣的配菜都包含在此類。

涼拌牛肉

⇒P61

混合檸檬汁、糖和芝麻油後，涼拌牛肉和蔬菜，口味非常清爽。

柚子醋拌豆腐

⇒P77

用芝麻油將油豆腐煎到酥脆，再均勻倒入醋，調成酸甜滋味。

常備菜

調味稍濃能讓美味保存更久

除了早上現做的「甜、鹹、酸」等配菜，運用一些常備菜能讓做便當變得更輕鬆。經過鹹甜醬料調味的菜色、味道較濃的配菜或油炸過的食物，都能拉長美味的保存時間。

雞肉肉燥

⇒P67

用醬油、味醂、糖等鹹甜醬料調味，可以做出保存期較長的常備菜。

鮭魚碎肉

⇒P69

用酒、醬油、鹽等鹹味醬料調味的鮭魚肉，非常下飯。

薄切豬肉片

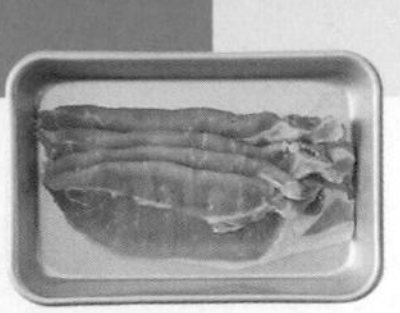

里肌豬肉片的運用範圍非常廣泛，可以用炒的，也可以做成豬肉捲或炸豬排等，稍微改變調味或跟蔬菜搭配，就能變出多樣化的料理。

◉一人份 145kcal ◷烹調時間 10分鐘

蜂蜜微甜的口感與生薑交織出動人美味

蜜汁烤豬

材料（兩人份）

薄切里肌豬肉……4片
鹽……少量
低筋麵粉……適量
生薑（切末）……1/2小匙
A【醬油2小匙，酒1小匙，蜂蜜1/2小匙】
沙拉油……1小匙

做法

1 在薄切豬肉片的兩面**均勻塗上鹽和低筋麵粉**。
2 沙拉油倒入平底鍋，放生薑轉小火爆香，待香味溢出加入步驟1，把火轉大將豬肉兩面烤熟。
3 待豬肉上色、熟透，倒入拌好的糖醋醬汁A。把食材和醬汁拌勻，炒至醬汁完全吸收，注意不要燒焦。

搭配組合範例

配菜①
＋(鹹)(紅) 七味粉烤胡蘿蔔 ⇒P83

配菜②
＋(酸)(綠) 檸檬拌青椒 ⇒P109

烹調小祕訣

豬肉塗抹鹽和低筋麵粉可以鎖住美味，也能讓醬汁更好吸收。因為是便當主菜，所以一定要確實炒到醬汁完全吸收。

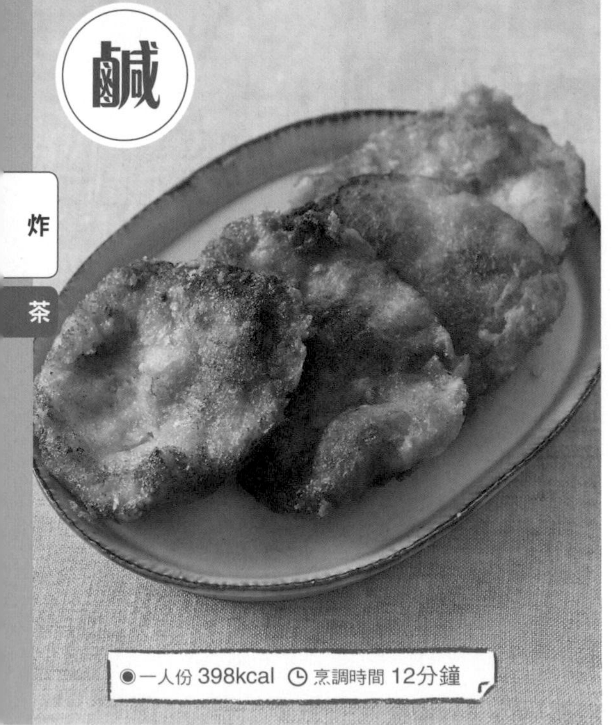

◉一人份 398kcal ◷烹調時間 12分鐘

利用味噌醬和生紫蘇葉調味，不需要其他醬料

味噌炸豬排

材料（兩人份）

薄切里肌豬肉……4片
生紫蘇葉……4片
A【味噌1大匙、味醂2小匙】
B【低筋麵粉1大匙、水2大匙】
麵包粉……適量
沙拉油……適量

做法

1 一一把肉片攤開，塗上調好的A醬料。接著將左右對折的生紫蘇葉放在薄切里肌肉上，**並把肉折起、包住生紫蘇葉**（a）
2 B調好後塗在步驟1上，均勻裹上麵包粉。
3 平底鍋內倒入深約1.5公分的沙拉油，等油溫升到約170度，將步驟2放入鍋中，酥炸到呈金黃色，把油瀝乾。

搭配組合範例

配菜①
＋(甜)(黃) 醬燒南瓜餅 ⇒P95

配菜②
＋(酸)(綠) 柚子醋炒蘆筍 ⇒P107

Q 薄切豬肉片用哪個部位比較好？

A 最推薦嫩肩里肌和里肌肉。不僅價格合理，瘦肉與油脂也分布均勻，烤完油脂會減少，冷卻後也不容易變硬。

Q 請問也可以用稍厚的肉片嗎？

A 可以，但加熱時間比薄切豬肉片久。注意幫孩子準備便當時，要切成適合孩子入口的大小，大人的便當則可以直接放入肉片。

用里肌肉片也吃得很滿足！不加番茄醬的清爽口感

糖醋豬

材料（兩人份）

- 薄切里肌豬肉……4片
- 紅椒……1/2顆
- 四季豆……2條
- 生薑（切片）……2片
- 低筋麵粉……適量
- 沙拉油……1小匙
- A【醋1大匙、酒1大匙、蠔油1小匙】

做法

1. 紅椒用刀去除蒂頭和籽後切塊；四季豆去除豆筋和蒂頭後，斜切成長5公分的長段。生薑切末，豬肉切半塗上低筋麵粉。
2. 將沙拉油倒入平底鍋中，加入生薑以小火爆香，接著放紅椒和四季豆以中火拌炒，等蔬菜表面有油光後再放肉，蓋上鍋蓋用中火燜約2分鐘。
3. 肉熟了倒入拌好的A醬料，煮到濃稠狀，將醬料和食材拌勻。

搭配組合範例

配菜①
+ 甜 紫 鹽麴煮紫地瓜 ⇒P90

配菜②
+ 鹹 茶 起司炒杏鮑菇 ⇒P112

◉一人份 161kcal ◷烹調時間 10分鐘

青蔥的清脆口感是亮點！

蒜苗炒鹹豬肉

材料（兩人份）

- 薄切里肌豬肉……4片
- 蒜……1/2瓣
- 蔥……2支
- 鹽……1/4小匙
- 胡椒……少許
- 酒……1大匙
- 芝麻油……2小匙

做法

1. 蒜切片、蔥切成5公分長段；豬肉撒上鹽和胡椒調味。
2. 芝麻油倒入平底鍋中，加入蒜以小火爆香後再放入豬肉，轉中火炒到兩面上色。
3. 把酒和蔥加入鍋中，用大火清炒到完全收汁。

保存 point

最後用大火炒到完全收汁，不留下殘餘醬汁，可以防止細菌滋生。

冷藏 5日　冷凍 2週

搭配組合範例

配菜①
+ 甜 紅 照燒紅椒 ⇒P84

配菜②
+ 酸 茶 果醋漬百菇 ⇒P113

◉全部分量 307kcal ◷烹調時間 8分鐘

梅花豬肉片

便宜又好吃的梅花豬肉片也常用在便當配菜中，除了拌炒之外，涮肉也好吃。製作時可以在味道上做些變化，或是搭配不同蔬菜增加多樣性。

甜

炒

茶

◉一人份 202kcal ◷烹調時間 10分鐘

香濃帶著鮮甜味的蠔油為整道料理加分！

蠔油炒肉片

材料 （兩人份）

梅花豬肉片……150克
生薑（切片）……2片
長蔥……10公分
A【酒1大匙、蠔油1/2大匙、醬油1小匙】
芝麻油……1小匙

做法

1 將長蔥和生薑切絲。
2 芝麻油倒入平底鍋內，放入生薑以小火爆香。待香味溢出後加入豬肉，用中火翻炒。
3 炒到肉熟透，接著將拌勻的醬料A倒入鍋中。**最後再加入長蔥**，一起拌炒到完全收汁即可。

搭配組合範例

配菜①
＋（酸）（紅） 涼拌胡蘿蔔絲 ⇒P83

配菜②
＋（鹹）（綠） 清炒花椰菜 ⇒P100

烹調小祕訣

最後再放入切絲的長蔥，可以保持蔥的清脆口感和香氣。

鹹

炒

茶

◉一人份 212kcal ◷烹調時間 10分鐘

用清爽的調味做出招牌的薑汁燒肉！

薑汁燒肉

材料 （兩人份）

梅花豬肉片……150克
洋蔥……1/4顆
A【生薑（薑泥）1小匙、酒2小匙、鹽1/2小匙、胡椒少許】
沙拉油……2小匙

做法

1 洋蔥切成約1公分寬的條狀。
2 沙拉油倒入平底鍋中，放入洋蔥條以中火翻炒。**等洋蔥變透明再加入豬肉一起拌炒。**
3 等豬肉炒到上色、熟透後，倒入拌勻的醬料A，轉大火讓醬汁均勻裹在肉上，炒到完全收汁。

搭配組合範例

配菜①
＋（酸）（黃） 涼拌胡蘿蔔絲 ⇒P93

配菜②
＋（甜）（綠） 醬滷昆布秋葵 ⇒P104

烹調小祕訣

梅花豬肉片很快就熟，建議先把洋蔥炒到一定程度後再放豬肉片。如果同時拌炒豬肉片和洋蔥的話，豬肉的口感容易變柴。

請問野上媽媽

梅花豬肉片 Q&A

Q 請問可以用火鍋豬肉片嗎？

A 用梅花豬肉片就不用砧板，可以減少清洗步驟、非常輕鬆。如果用火鍋豬肉片就需要再切成好入口的大小，處理時間會長一點。

Q 拌炒時怎麼讓肉不黏在一起？

A 不用先熱油再炒，而是先讓油均勻分布在鍋底後，再用筷子把肉攤開放入鍋中加熱，肉片就不會黏在一起了。

讓柚子的香味在口中擴散！

柚香涮肉

材料（兩人份）

梅花豬肉片……150克
柚子……1/2顆
醬油……2小匙

做法

1 將鍋中熱水煮滾，放入豬肉燙熟。豬肉熟透之後用篩網撈起，冷水沖過再將水瀝乾。用紙巾把肉包起來吸乾水分。
2 **把柚子汁擠到碗中，削下適量的柚子皮切絲（a）**，跟醬油一起加入柚子汁中。
3 把步驟**1**的肉片放入步驟**2**的醬汁拌勻。

a

搭配組合範例

配菜① + 甜 紫 芝麻味噌炒茄子 ⇒P88

配菜② + 鹹 綠 芥末醬油拌小松菜 ⇒P103

酸

◉一人份 171kcal ◷烹調時間 10分鐘

調味比較濃，所以非常耐保存

醬油薑汁燒肉

材料（兩人份）

梅花豬肉片……150克
洋蔥……1/4顆
A【生薑（薑泥）1大匙、酒1大匙、味醂1大匙、醬油1.5大匙】
芝麻油……1/2大匙

做法

1 將洋蔥切成1公分寬的條狀。
2 芝麻油倒入平底鍋，加步驟**1**洋蔥條以中火快炒。再放入肉片一起拌炒。
3 等豬肉片炒熟後，倒入拌好的醬料**A**，轉大火讓肉片吸附醬料，炒到完全收汁即可。

保存 point

生薑的殺菌力非常強，是常備菜的好夥伴。也能用來除臭及增加風味，非常實用。

冷藏 5日　冷凍 2週

搭配組合範例

配菜① + 酸 紫 芥末紫地瓜 ⇒P91

配菜② + 甜 綠 花生醬拌蘆筍 ⇒P106

鹹　常備菜

◉全部分量 477kcal ◷烹調時間 10分鐘

燙 茶 黃 炒 茶

薄切牛肉片

大家一般都以為薄切牛肉片很貴，但其實也有價格平易近人的進口牛肉。只需簡單料理就能享受美味，常出現在便當配菜中。

甜

燉 茶 白

◉一人份 170kcal ◷烹調時間 15分鐘

煮到完全收汁，可以避免從便當漏出醬汁！

壽喜燒風味牛肉

材料 （兩人份）

- 薄切牛肉片……80克
- 長蔥……1/2支
- 蒟蒻絲（去腥）……100克
- A【水1大匙、酒2大匙、糖2小匙、醬油1.5大匙】
- 沙拉油……1小匙

做法

1. 蒟蒻絲放入鍋中，加冷水（蓋過蒟蒻絲）開大火煮滾。沸騰後用篩網將蒟蒻撈起、瀝乾，切成約3～4公分長段。長蔥也切成3～4公分長段。
2. 將沙拉油倒入平底鍋中預熱，放入長蔥用中火熱炒。炒到上色後加蒟蒻絲一起拌炒。
3. 把牛肉放入鍋中並倒入醬汁**A**，拌炒至收汁即可。

搭配組合範例

配菜①
+ 鹹 黃 酥炸玉米 ⇒P96

配菜②
+ 酸 綠 醋醬油拌秋葵 ⇒P105

鹹

烤 茶 紅 綠

◉一人份 168kcal ◷烹調時間 12分鐘

色彩美麗又有飽足感！令人吃得開心的料理

蔬菜烤肉捲

材料 （兩人份）

- 薄切牛肉片…4片（約80克）
- 胡蘿蔔……5公分圓段
- 四季豆……3條
- 酒……2大匙
- 鹽……1/2小匙
- 胡椒……少許
- 橄欖油……2小匙

搭配組合範例

配菜①
甜 紫 涼拌紫高麗菜 ⇒P86

+ 配菜②
酸 白 檸檬炒大頭菜 ⇒P123

+

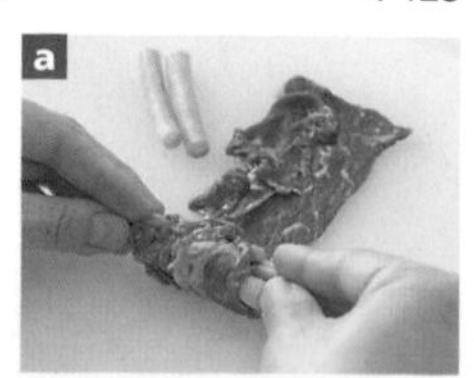
a

做法

1. 胡蘿蔔切絲，四季豆去除豆筋和蒂頭後對半切段。
2. **將一片牛肉攤開，放入半條四季豆捲起（a）**。剩下的四季豆和胡蘿蔔也同樣用牛肉捲起。
3. 橄欖油倒入平底鍋內預熱，將步驟**2**牛肉捲收口朝下排在鍋內。蓋上鍋蓋，用中火加熱約2分30秒。烤到完全上色、收口處完全接合。
4. 將牛肉捲全部翻面，加入酒再蓋上鍋蓋，轉小火燜煮約3分鐘。取下鍋蓋轉大火，用鹽和胡椒調味，輕輕翻炒到完全收汁即可。

請問野上媽媽

薄切牛肉片 Q&A

Q 把肉捲捲得漂亮的祕訣是什麼呢？

A 從一開始就不要留空隙，將食材牢牢捲好。最後再用手緊緊握住，固定整體，收口朝下放進鍋子。

Q 用瘦肉片還是用霜降肉比較好？

A 霜降肉柔嫩美味，但油脂很多，冷卻後容易有油浮上來，不適合做便當配菜。推薦用板腱等瘦肉比較適合。

帶點微酸的芥末籽醬更提味

芥末籽炒牛肉

酸

材料（兩人份）

- 薄切牛肉片⋯⋯100克
- A【酒1小匙、鹽1小撮、芥末籽醬1小匙】
- 橄欖油⋯⋯1小匙
- 香芹粉⋯⋯適量

做法

1 把每片牛肉切成一半大小。
2 橄欖油倒入平底鍋預熱，放入步驟1用中火快炒。
3 等牛肉上色、熟透後，**加入醬汁A炒到完全收汁**，再撒上香芹粉即可。

◉一人份 156kcal ◷烹調時間 8分鐘

搭配組合範例

配菜①
+ 甜 紅 照燒紅椒 ⇒P84

配菜②
+ 鹹 黃 炸地瓜條 ⇒P92

烹調小祕訣

製作酸味配菜時，最推薦的調味料就是芥末籽醬；它酸度剛剛好，也能增添料理的美味。

不讓肉黏在一起的訣竅是：用筷子把肉一一分開

牛蒡炒牛肉

甜 常備菜

材料（兩人份）

- 薄切牛肉片⋯⋯100克
- 牛蒡⋯⋯50克
- 生薑（薑泥）⋯⋯1小匙
- 酒⋯⋯2大匙
- 味噌⋯⋯1大匙
- 糖⋯⋯2小匙
- 水⋯⋯100毫升

做法

1 每片牛肉切成1/4大小；牛蒡削成薄片，泡水後把水完全瀝乾。
2 將全部食材放入鍋中以中火加熱，用筷子邊攪拌邊把肉完全分開。煮滾之後蓋上鍋蓋。
3 過程中不斷用筷子攪拌，等湯汁減少後轉成大火，煮到完全收汁即完成。

◉全部分量 381kcal ◷烹調時間 15分鐘

保存 point

為了不讓保存中的配菜滋生細菌，分開肉的同時也要確實讓肉熟透。

冷藏 4日　冷凍 2週

搭配組合範例

配菜①
+ 鹹 紫 魚香茄子 ⇒P88

配菜②
+ 酸 綠 味噌醋拌小松菜 ⇒P103

牛五花肉片

牛五花肉片是價格非常平易近人的食材，不用另外處理，是忙碌時帶便當的必備食材。除了熱炒外，做成薑燒料理也不錯。

甜

炒 茶 紅

◉一人份 237kcal ◷烹調時間 12分鐘

先醃漬入味再煮，加入滿滿的芝麻提味

韓式炒牛肉

材料 （兩人份）

牛五花肉片……………………80克
洋蔥……………………………1/4顆
胡蘿蔔…………………………1/4條
青蔥……………………………2支
白芝麻粉………………………1大匙
A【醬油2大匙、芝麻油 蜂蜜 白芝麻粉各2小匙、酒1小匙、大蒜（蒜泥）少許】

做法

1 洋蔥切片、胡蘿蔔切絲，青蔥切成3～4公分長段。
2 把醬汁**A**倒入密封袋中，放牛肉、洋蔥和胡蘿蔔，讓醬汁均勻分布，**在室溫下靜置約10分鐘**（**a**）。
3 將步驟**2**醃好的肉倒入平底鍋，大火快炒，讓黏在一起的食材分開。醬汁減少後加青蔥，把肉炒到全熟再撒上白芝麻粉即可。

a

搭配組合範例

配菜①
+ 鹹 綠 海苔拌小松菜 ⇒P102

配菜②
+ 酸 白 檸檬炒大頭菜 ⇒P123

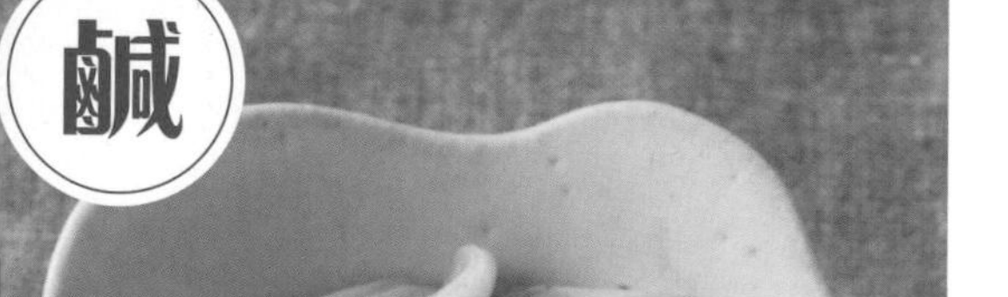

鹹

炒 茶 紅 白

◉一人份 162kcal ◷烹調時間 10分鐘

以微辣口感來增加活力的配菜

辣炒牛肉

材料 （兩人份）

牛五花肉片……………………100克
長蔥……………………………1/3支
紅辣椒…………………………1根
鹽………………………………1/4小匙
酒………………………………1大匙
芝麻油…………………………1小匙

做法

1 長蔥斜切成5公分長段，紅辣椒切三等分並**去籽**。
2 將芝麻油倒入平底鍋中，放入步驟**1**以小火爆香。待香味溢出加入牛肉，以中火拌炒。
3 炒到牛肉上色、熟透之後，加鹽和酒調味。

搭配組合範例

配菜①
+ 酸 黃 紅紫蘇香煎南瓜 ⇒P95

配菜②
+ 甜 綠 芝麻拌花椰菜 ⇒P100

烹調小祕訣

紅辣椒的籽非常辣，要把籽完全去乾淨再拿來料理。萬一不小心沒把籽清乾淨，就會立刻變成超辣料理。

請問野上媽媽
牛五花肉片 Q&A

Q 請問有什麼小技巧讓肉不會變硬？
A 可以用酒、蜂蜜，或加番茄、洋蔥這些含有水分的蔬菜一起煮。另外，味醂也會讓肉變硬，建議盡量避免使用。

Q 請問野上媽媽推薦用哪個部位？
A 牛肉和豬肉一樣，我推薦價格合理、瘦肉和油脂也分布均勻的嫩肩里肌肉，煮過油脂就會減少，冷卻後也不容易變硬。

加入檸檬汁讓口感更清爽！就像在吃生菜沙拉
涼拌牛肉

酸

材料（兩人份）
- 牛五花肉片……100克
- 胡蘿蔔……5公分圓段
- 小黃瓜……5公分圓段
- 鹽……少許
- A【檸檬汁1/2顆、糖1小匙、芝麻油1小匙】

做法
1 胡蘿蔔、小黃瓜均切成絲，加鹽搓揉均勻，放置5分鐘後將水分擠乾。
2 把鍋內熱水煮滾，放入牛肉煮到熟透，再用篩網撈起。用冷水沖過、瀝乾，拿紙巾包覆牛肉，完全吸乾水分。
3 在碗裡完全混合醬料A，把步驟1和2跟醬料拌勻，放入冰箱冷藏10分鐘即可。

搭配組合範例
配菜①
+ 甜 黃 拔絲地瓜 ⇒P92
配菜②
+ 鹹 茶 醬油漬菇 ⇒P113

一人份 167kcal　烹調時間 10分鐘
※不含醃漬時間

保存效果好、非常下飯的配菜
薑燒牛肉

甜　常備菜

材料（兩人份）
- 牛五花肉片……100克
- 生薑（切片）……2片
- 味醂……1大匙
- 醬油……1大匙
- 酒……1/2大匙
- 糖……1小匙

做法
1 生薑切絲。
2 全部材料放入鍋裡，用中火加熱，拿筷子將牛肉一片片分開。
3 等牛肉變色後轉小火，蓋上鍋蓋，煮到完全收汁即可。

搭配組合範例
配菜①
+ 鹹 紅 高湯煮紅椒 ⇒P84
配菜②
+ 酸 白 馬鈴薯沙拉 ⇒P125

保存 point
用殺菌效果強的生薑或醬油，調出濃厚香醇的滋味。放涼後，味道會變淡一點，剛好適合享用。

冷藏 5日　冷凍 2週

全部分量 335kcal　烹調時間 15分鐘

雞腿肉・雞胸肉

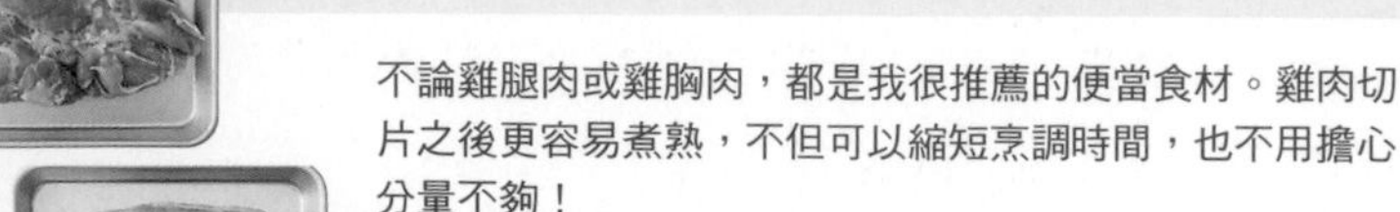

不論雞腿肉或雞胸肉，都是我很推薦的便當食材。雞肉切片之後更容易煮熟，不但可以縮短烹調時間，也不用擔心分量不夠！

甜

煎 紅

蜂蜜和番茄醬是絕佳拍檔！

糖醋雞胸肉

材料（兩人份）

雞胸肉…1/2片（150克左右）
鹽・胡椒……………………各少許
太白粉……………………………適量
A【番茄醬1大匙、酒1大匙、蜂蜜1/2大匙】
沙拉油…………………………1小匙

做法

1 先去掉雞皮、切除肉比較厚的部分，讓整體肉片厚度均勻，再切成容易入口的片狀。用鹽和胡椒調味，並裹上太白粉。

2 沙拉油倒入平底鍋中加熱，放入步驟**1**用中火煎3分鐘，翻面後蓋上鍋蓋，再煎2分30秒左右。

3 將混合好的醬料**A**倒入鍋中加熱，邊翻炒邊注意不要燒焦，讓肉均勻裹上醬汁，炒到完全收汁即可。

搭配組合範例

配菜①

\+ 酸 紫 巴薩米克醋醃茄子 ⇒P89

配菜②

\+ 鹹 黃 炸地瓜條 ⇒P92

◉一人份 167kcal ◷烹調時間 12分鐘

鹹

烤 黃

增進食慾！印度風味的招牌料理

印度烤雞腿肉

材料（兩人份）

生薑（薑泥）………………少許
優格（無糖）……………1大匙
咖哩粉…………………………2小匙
番茄醬…………………………1小匙
鹽…………………………1/4小匙
橄欖油…………………………1小匙

做法

1 去掉雞皮、切成好入口的片狀。

2 把所有食材放進密封袋輕輕搓揉，**擠出多餘空氣後密封，放入冰箱一晚**（沒時間的話，改放室溫中15分鐘）（**a**）。

3 用紙巾擦掉步驟**2**多餘的優格，把雞腿肉放到烤架，一面烤5～6分鐘、烤到全熟（如果是用平底鍋，倒入沙拉油後先用中火預熱再煮肉）。

搭配組合範例

配菜①

\+ 酸 紫 甜醋漬紫高麗菜 ⇒P87

配菜②

\+ 甜 綠 花生醬拌蘆筍 ⇒P106

◉一人份 188kcal ◷烹調時間 15分鐘

請問野上媽媽

雞腿肉・雞胸肉 Q&A

Q 要怎麼活用雞腿肉和雞胸肉呢？

A 雞腿肉有適量油脂，冷卻後還是很多汁；雞胸肉油脂較少，放涼後不會油膩，非常適合跟味道濃厚的調味料搭配。

Q 為什麼要去除雞皮？

A 如果不去除雞皮，放一段時間就會浮出油、失去酥脆的口感。此外也容易變軟而失去原有的味道。

烏醋的酸甜風味跟白飯非常搭！

烏醋炒雞胸肉

酸

炒 茶

材料（兩人份）

雞胸肉…1/2片（150克左右）
太白粉……適量
A【烏醋2大匙、酒1大匙、醬油1/2大匙、雞湯塊（顆粒）1/2小匙、水2大匙】
沙拉油……1小匙

做法

1 先去掉雞皮、切除肉比較厚的部分，讓整體肉片厚度均勻，再切成容易入口的片狀。用鹽和胡椒調味，並**裹上太白粉**。
2 沙拉油倒入平底鍋中預熱，放入步驟1肉片蓋上鍋蓋，單面煎約2分鐘，用中火煎至兩面上色。
3 把混合好的醬料A倒入鍋中，用中火加熱拌炒，煮到濃稠狀、將醬料和料理拌勻。

烹調小祕訣

肉片裹上太白粉加水後，不需要另外勾芡也能讓醬汁變得濃稠。

搭配組合範例

配菜①
＋甜 紫 鹽麴煮紫地瓜 ⇒P90

配菜②
＋鹹 綠 芝麻炒蘆筍 ⇒P106

◉一人份 156kcal ◷烹調時間 12分鐘

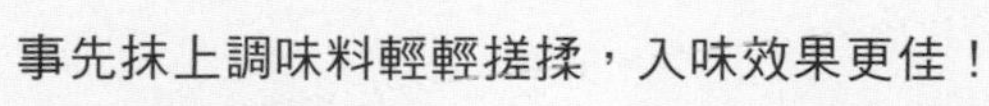

事先抹上調味料輕輕搓揉，入味效果更佳！

炸雞腿塊

鹹 常備菜

炸 茶

材料（兩人份）

雞腿肉……1片（300克左右）
A【酒2小匙、醬油2小匙、蜂蜜1/2小匙、生薑（薑泥）1/2小匙、鹽1小撮、胡椒少許】
B【低筋麵粉1大匙、太白粉1大匙】
沙拉油……適量

做法

1 先去掉雞皮、切除肉比較厚的部分，讓整體肉片厚度均勻，再切成容易入口的片狀。
2 在碗或密封袋裡將醬料A均勻混合，加入步驟1肉片，確實把醬汁揉進雞肉裡，放在室溫約10分鐘。
3 平底鍋內倒入深約1.5公分的沙拉油，等油溫升到約170度時，把拌勻的B材料加入步驟2，炸到熟透、顏色變得金黃，再將油脂瀝乾即可。

搭配組合範例

配菜①
＋甜 紅 味噌胡蘿蔔條 ⇒P82

配菜②
＋酸 白 檸檬炒大頭菜 ⇒P123

冷藏 4日　冷凍 2週

◉全部分量 393kcal ◷烹調時間 15分鐘

※不含醃漬時間

雞里肌肉

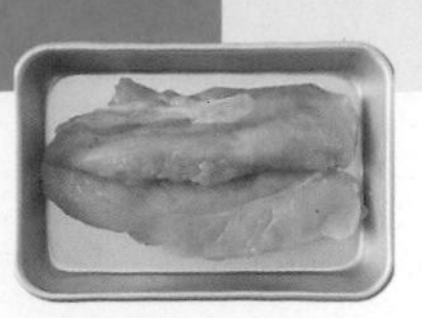

低卡高蛋白的雞里肌肉，適合烤、炸、蒸等各種煮法，烹調方式非常多元。肉質柔嫩又好入口，最適合用來做便當配菜了。

甜

煎
茶

◉一人份 94kcal ◷烹調時間 10分鐘

※不含醃漬時間

簡單又美味！利用鹽麴讓里肌肉變得柔嫩多汁

鹽麴烤雞

材料 （兩人份）

雞里肌肉……2片
鹽麴……2大匙
沙拉油……1小匙

做法

1 用刀**切除里肌肉的筋，並把整體厚度切得比較均勻**。
2 將步驟**1**兩面均勻塗上鹽麴，放在室溫約10分鐘。
3 沙拉油倒入平底鍋中預熱，放入步驟**2**蓋上鍋蓋，小火煎煮2分鐘後翻面，再煮煎2分鐘。取下鍋蓋把火轉強，煮到上色、完全收汁即可。

搭配組合範例

配菜①
＋ 酸 紫 甜醋漬紫高麗菜 ⇒P87

配菜②
＋ 鹹 白 燒煮味噌芋頭 ⇒P124

烹調小祕訣

先去除雞里肌肉的筋再烹調，這樣可以避免肉受熱不均，讓里肌肉煎得更漂亮。

鹹

炸
茶

◉一人份 124kcal ◷烹調時間 12分鐘

雞里肌肉口味清淡，剛好襯托出海苔風味！

磯邊炸雞

材料 （兩人份）

雞里肌肉……2片
A【鹽1/4小匙、胡椒少許、酒1小匙】
烤海苔片（大片型）……1/2片
太白粉……少許
B【低筋麵粉1大匙、太白粉1大匙、水2大匙】
沙拉油……適量

做法

1 用刀切除里肌肉的筋，並把整體厚度切得比較均勻，再對切成一半大小。海苔分成4等分。
2 把醬汁**A**撒上雞里肌肉，用海苔包雞肉，再均勻裹上低筋麵粉。
3 平底鍋內倒入深約1.5公分的沙拉油，等油溫升到約160度時，將步驟**2**泡入混合後的**B**，放入鍋中炸4～5分鐘到完全熟透，再把油脂完全瀝乾。

搭配組合範例

配菜①
＋ 甜 黃 甜煮地瓜 ⇒P93

配菜②
＋ 酸 綠 柚子醋拌花椰菜 ⇒P101

編註：「磯邊」泛指用海苔將食材包裹起來的料理。

Q 請問一定要把筋去掉嗎？

A 筋煮再久也不會變軟，留下來的話會讓雞肉不好咬，也會造成雞肉縮水。建議把筋去掉比較好。

Q 讓雞里肌肉柔嫩的祕訣是什麼？

A 在煮之前先用酒、蜂蜜或鹽麴等讓肉變軟的調味料醃漬；或是裏上麵衣，避免肉的表面變乾。

微波爐超方便！梅干和生紫蘇葉更是絕配

梅香蒸雞

酸

材料（兩人份）

- 雞里肌肉……2片
- 梅干……2顆（也可以用梅肉膏2大匙）
- 生紫蘇葉……2～3片
- 胡椒……少許
- 酒……2小匙

做法

1 用刀切除里肌肉的筋，並把整體厚度切得比較均勻。生紫蘇葉切絲，梅干去籽、壓成梅肉。

2 把雞里肌肉裝在耐熱盤上，中間鋪上梅肉，再撒上胡椒和酒。

3 **輕輕蓋上保鮮膜（a）**，用微波爐加熱約4～5分鐘，最後撒上生紫蘇葉即可。

a

搭配組合範例

配菜① +甜 紫 地瓜球 ⇒P91

配菜② +鹹 綠 鹽昆布拌青椒 ⇒P108

●一人份 61kcal　◷烹調時間 10分鐘

蒸 茶 紅 綠

非常有分量感，比炸豬排更健康！

炸雞排

鹹　常備菜

材料（容易製作的分量）

- 雞里肌肉……4片
- A【鹽1/4小匙、胡椒少許、酒1小匙】
- B【低筋麵粉1大匙、水2大匙】
- 麵包粉……適量
- 沙拉油……適量

做法

1 用刀切除里肌肉的筋，並把整體厚度切得比較均勻。A材料依序撒在雞肉上、搓揉入味，在室溫中放置約5分鐘。

2 用紙巾把步驟1的水分擦乾，塗上充分混合的B再裹上麵包粉。

3 平底鍋內倒入深約1.5公分的沙拉油，等油溫升到約170度時，把步驟2放入鍋中，用中火炸到呈金黃色，然後瀝乾油脂。

搭配組合範例

配菜① +甜 紫 涼拌紫高麗菜 ⇒P86

配菜② +酸 綠 芥末炒秋葵 ⇒P104

冷藏 4日　冷凍 2週

●全部分量 551kcal　◷烹調時間 20分鐘

炸 茶

豬・雞絞肉

絞肉的價格便宜，能自由調整形狀做成丸子狀、圓餅狀等，非常方便。此外，也推薦可以大量做成肉燥或肉丸冷凍保存，以備不時之需。

◉一人份 236kcal ◷烹調時間 15分鐘

在鹹甜滋味中能品嘗到生紫蘇葉的清新風味

照燒雞肉餅

材料（兩～三人份）

雞絞肉……………………150克
洋蔥 ……………………1/4顆
生薑（切片）……………2片
生紫蘇葉…………………2片
A【麵包粉1大匙、酒1大匙、鹽1小撮】
味醂 ……………………2大匙
醬油 ……………………2大匙
芝麻油……………………1小匙

搭配組合範例

配菜①
＋（酸）（綠）柚子醋炒蘆筍 ⇒P107

配菜②
＋（鹹）（白）鱈魚子炒蘿蔔絲 ⇒P118

做法

1 把洋蔥和生薑切成末，生紫蘇葉切絲。
2 依序把步驟**1**、絞肉和醬料**A**加入碗中，均勻揉成4個扁平狀的丸子。
3 芝麻油倒入平底鍋中預熱，放入步驟**2**的肉丸蓋上鍋蓋，用中火煎約3分鐘。翻面後火轉小，再煎3分鐘。等肉丸熟透，加味醂和醬油，轉大火煮到完全收汁。

◉一人份 162kcal ◷烹調時間 20分鐘

運用綜合蔬菜讓色彩更鮮豔

豬肉燒賣

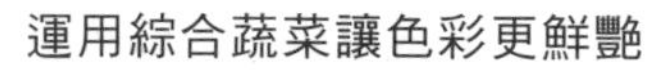

材料（兩～三人份）

豬絞肉（瘦肉）…………50克
洋蔥 ……………………1/6顆
生薑 ……………………少許
A【酒1小匙、蠔油2小匙、鹽少許、胡椒少許、太白粉2小匙】
燒賣皮……………………6片
綜合三色蔬菜……………適量

搭配組合範例

配菜①
＋（甜）（紫）芝麻味噌炒茄子 ⇒P88

配菜②
＋（酸）（綠）中式涼拌黃瓜 ⇒P111

做法

1 把洋蔥和生薑切成末。
2 在碗裡依序放入步驟**1**、絞肉和**A**後均勻揉捏混合，分成6等分後用燒賣皮包起來。上面放綜合三色蔬菜，輕輕按壓進去。
3 平底鍋內鋪上料理紙，將步驟**2**放入鍋中，**從平底鍋和料理紙之間倒入約80毫升的水（a）**。蓋上鍋蓋用大火加熱，沸騰後轉小火繼續蒸12分鐘。

請問野上媽媽

豬・雞絞肉 Q&A

Q 不用豬絞肉，用混合絞肉也行嗎？

A 當然OK。不過混合絞肉有些脂肪較多，建議選用脂肪少的混合絞肉，比較適合用來做便當配菜。

Q 雞絞肉選雞腿肉還是雞胸肉好？

A 建議可以照料理的種類和個人喜好選擇。喜歡多汁口感就選雞腿肉，如果想做出清爽口感就用雞胸肉。

單用豬絞肉做出來的漢堡肉非常有彈性並富有嚼勁

柚子醋風味漢堡豬排

材料（兩～三人份）

- 豬絞肉（瘦肉）……150克
- 洋蔥……1/4顆
- 生薑（切片）……少許
- 長蔥……2株
- A【麵包粉1大匙、酒1大匙、鹽1小撮】
- 太白粉……少許
- 柚子醋醬油……1.5大匙
- 芝麻油……1小匙

做法

1. 把洋蔥和生薑切成末，長蔥切成蔥花。
2. 把步驟1、絞肉和A放入碗裡，均勻揉捏混合。分成4等分後捏成橢圓形，表面裹上太白粉。
3. 芝麻油倒入平底鍋中預熱，把步驟2放入鍋中，蓋上鍋蓋用中火煎3分鐘。接著翻面用稍弱的中火再煎3分鐘。等漢堡排熟透倒入柚子醋，煮到呈濃稠狀，將醬料和料理拌勻即可。

搭配組合範例

配菜① +甜 紅 照燒紅椒 ⇒P84

配菜② +鹹 綠 清炒花椰菜 ⇒P100

煎 茶

不論配飯或加入玉子燒、沙拉、涼拌都很搭的萬能配菜

雞肉肉燥

材料（兩人份）

- 雞絞肉……100克
- 生薑（切片）……2片
- 醬油……2大匙
- 糖……2大匙
- 味醂……1大匙

做法

1. 生薑切末。
2. 把全部食材放入鍋中，用筷子攪拌均勻，用中火加熱。邊用筷子拌勻、邊將絞肉煮熟，炒到完全收汁即可。

保存 point

要把雞絞肉翻炒到完全收汁。用4～6支筷子攪拌，雞絞肉會變得很細，也比較容易收汁。

冷藏 4日　冷凍 2週

搭配組合範例

配菜① +酸 黃 蜂蜜檸檬煮地瓜 ⇒P93

配菜② +鹹 綠 高湯煮蘆筍 ⇒P107

炒 茶

鮭魚切片

想到魚類主菜，我一定會先準備鮭魚切片。只需把切片整個放進調味料中醃漬，稍微煎過就能成為一道美味料理。事先做好鮭魚碎肉當作常備菜也很方便。

甜

烤

茶

◉一人份 247kcal 🕒烹調時間 12分鐘

※不含醃漬時間

單用西京味噌醃漬，美味就能提升一個層次！

西京味噌燒鮭魚

材料 （兩人份）

鮭魚（切片）……………2片
鹽……………………2小撮
A【西京味噌50克、味醂1.5大匙】

做法

1 切片鮭魚撒上少許鹽後，靜置5分鐘，接著用紙巾擦乾水分。
2 將西京味噌醬**A**調勻後，塗上步驟**1**、**用保鮮膜包起來，放冷藏一晚**（**a**）。
3 用紙巾擦掉步驟**2**多餘的西京味噌醬，把醃好的鮭魚放到烤魚用的烤架上烤約7～8分鐘。

a

搭配組合範例

配菜①
＋（鹹）（紫） 酥炸紫地瓜 ⇒P90

配菜②
＋（酸）（白） 芝麻拌蘿蔔絲 ⇒P119

鹹

煎

茶

白

◉一人份 221kcal 🕒烹調時間 18分鐘

祕訣是在煎鮭魚前，先把長蔥炒到上色

蔥燒鮭魚

材料 （兩人份）

鮭魚（切片）……………2片
長蔥……………………1/3株
鹽……………………2小撮
低筋麵粉………………少許
酒……………………2大匙
醬油……………………2大匙
芝麻油…………………1小匙

做法

1 切片鮭魚撒上少許鹽後，靜置5分鐘，接著用紙巾擦乾水分，均勻塗上低筋麵粉。長蔥切段。
2 芝麻油加入平底鍋中預熱，放入長蔥，用中火炒到上色後先將蔥取出，再放入鮭魚，蓋上鍋蓋轉中火，一面煎2分30秒左右。
3 把步驟**2**的長蔥放回鍋中，再加入酒和醬油，讓鮭魚和醬汁能夠充分混合。

搭配組合範例

配菜①
＋（甜）（綠） 芝麻香青椒 ⇒P108

配菜②
＋（酸）（茶） 果醋漬百菇 ⇒P113

請問野上媽媽

鮭魚切片 Q&A

Q 用白鮭、銀鮭、紅鮭哪一種好？

A 如果是當搭配白飯的配菜或要增加紅色來搭配色彩，紅鮭的效果最好。味道好，顏色也出眾。

Q 請問醃漬料理一定要醃一整晚嗎？

A 趕時間的話，也可以靜置在常溫下醃15分鐘。如果魚片厚度較薄，就能更快入味。烹調加醃醬一起料理，更可以強化味道。

用檸檬切片和果汁，味道更清爽！

鹽烤檸檬鮭魚

材料（兩人份）

鮭魚（切片）……2片
檸檬……1顆
鹽……2小撮
橄欖油……2小匙

做法

1 切片鮭魚撒上少許鹽後，靜置5分鐘，接著用紙巾擦乾水分。檸檬一半切片、另一半擠檸檬汁。
2 鮭魚放入保存容器，加橄欖油及全部檸檬，**放冰箱中冷藏一晚**。
3 用紙巾擦乾步驟**2**的水分，把檸檬片和醃好的鮭魚片一起放在烤箱預熱200℃，烤7～8分鐘。

搭配組合範例

配菜①
＋(鹹)(綠) 高湯煮蘆筍
⇒P107

配菜②
＋(甜)(白) 雞絞肉煮大頭菜
⇒P122

烹調小祕訣

從冰箱拿出來的魚，在燒烤前先靜置在室溫下5分鐘，可以防止受熱不均。

加進義大利麵或沙拉裡，就能變化出更多不同的菜色！

鮭魚碎肉

材料（容易製作的分量）

鮭魚（切片）……2片
A【酒2大匙、醬油1小匙、鹽1/4小匙】

做法

1 鮭魚放入鍋中加冷水（未列入食材），開中火加熱5分鐘後取出。接著用紙巾擦乾水分，去掉魚皮和魚骨後把鮭魚片搗碎。
2 將步驟**1**放入平底鍋轉中火，不用放油，用鍋鏟翻炒並把魚肉切得更碎。
3 依序將**A**放進平底鍋，轉大火炒到完全收汁。

保存 point

為了防止細菌生長，記得開大火、確實翻炒到完全收汁再起鍋。

冷藏 4日　冷凍 2週

搭配組合範例

配菜①
＋(酸)(綠) 梅肉涼拌小黃瓜
⇒P111

配菜②
＋(甜)(白) 柴魚片拌花椰菜
⇒P120

旗魚切片

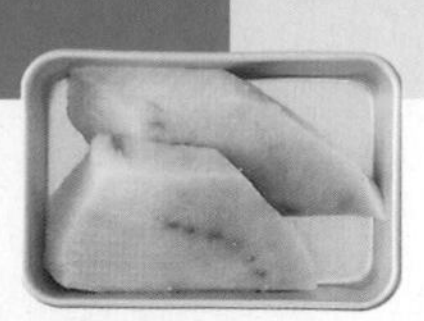

旗魚有剛剛好的美味、脂肪和甜味，無論嫩煎、燉煮或油炸等任何煮法都合適，是項萬用食材。連不太敢吃魚的孩子都喜歡旗魚料理。

◉一人份 229kcal ◷烹調時間 15分鐘

善用番茄醬讓料理更簡單！

茄汁旗魚

材料 （兩人份）

旗魚（切片）……………2片
鹽・胡椒……………各少許
大蒜（蒜泥）……………1/2瓣
低筋麵粉……………少許
A【白酒2大匙、番茄醬2大匙】
橄欖油……………2小匙
羅勒粉……………少許

搭配組合範例

配菜①
+（酸）（綠） 檸檬拌青椒 ⇒P109

配菜②
+（鹹）（白） 鹽燒大頭菜 ⇒P122

做法

1 切片旗魚撒上鹽和胡椒之後，靜置5分鐘，接著用紙巾擦乾水分。對切成一半，均勻抹上低筋麵粉。

2 橄欖油倒入平底鍋中，放大蒜用小火爆香。等香味溢出就把步驟**1**加進鍋中，蓋上鍋蓋轉中火加熱，一面約煎3～4分鐘，直到均勻上色。

3 依序將**A**加入鍋中，蓋上鍋蓋煮2分鐘。煮到呈濃稠狀後，將醬料和料理拌勻，最後撒上羅勒粉即可。

◉一人份 211kcal ◷烹調時間 15分鐘

一般的嫩煎旗魚加上咖哩，激盪出新風味

咖哩嫩煎旗魚

材料 （兩人份）

旗魚（切片）……………2片
生薑（切片）……………2片
鹽……………少許
咖哩粉……………1小匙
低筋麵粉……………少許
A【白酒2大匙、鹽1/4小匙】
奶油……………1小匙
沙拉油……………1小匙
香芹（切碎）……………少許

搭配組合範例

配菜①
+（甜）（紫） 涼拌紫高麗菜 ⇒P86

配菜②
+（酸）（黃） 清脆玉米沙拉 ⇒P97

做法

1 切片旗魚撒上少許鹽後，靜置5分鐘，接著用紙巾擦乾水分。均勻塗上咖哩粉和低筋麵粉；生薑切末。

2 將奶油、沙拉油、生薑放進平底鍋，開小火爆香，等香味溢出後加入步驟**1**，蓋上鍋蓋、一面煎3～4分鐘。

3 依序將**A**放入鍋中，翻炒到完全收汁，最後撒上香芹。

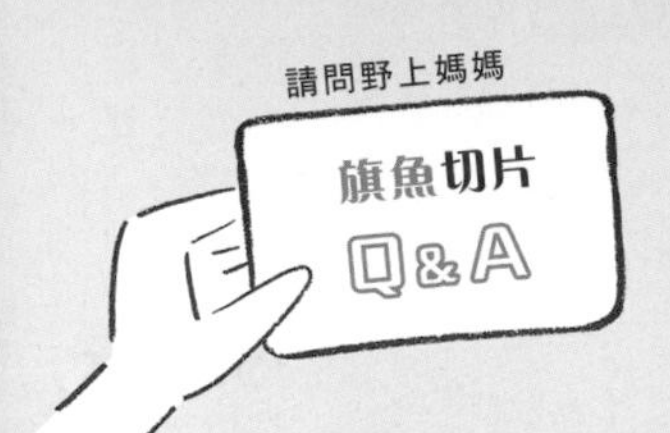

Q 沒有旗魚可以用什麼代替？

A 可以用味道清爽的長鰭鮪魚代替，此外也可以用口味一樣清淡的雞胸肉來製作，好吃又不油膩。

Q 請問炸物要如何保存？

A 祕訣就是要用篩網將油確實瀝乾，冷卻至常溫。接著先在保存容器內鋪上紙巾，再直立放入酥炸料理。

把剛炸好的旗魚趁熱醃漬

旗魚南蠻漬

◉一人份 293kcal ◷烹調時間 15分鐘

※不含冷卻時間

炸 茶 綠 白

材料（兩人份）

- 旗魚（切片）……2片
- 洋蔥……1/4顆
- 青椒……1/3顆
- 雞蛋……1顆
- 鹽……少許
- A【低筋麵粉、太白粉1/2大匙】
- B【糖1大匙、醋2大匙、醬油1小匙】
- 沙拉油……適量

做法

1. 切片旗魚撒上鹽後靜置5分鐘，接著用紙巾擦乾。對切成一半。
2. 洋蔥切絲，青椒去蒂頭和籽後也切成絲。
3. 在碗中將A充分混合、加入步驟1，均勻塗在旗魚上。在另一個容器中將B拌勻，再加入步驟2。
4. 平底鍋內倒入深約1.5公分的沙拉油，等油溫升到約170度時，將步驟3的旗魚片沾上打散的蛋液，放鍋中酥炸。炸熟後趁熱放入步驟3容器醃漬，靜置冷卻到常溫。

搭配組合範例

配菜①
＋(鹹)(紅) 七味粉烤胡蘿蔔 ⇒P83

配菜②
＋(甜)(綠) 涼拌芝麻小松菜 ⇒P102

酥炸過的外皮撒上羅勒，讓嘴裡的滋味更清爽

羅勒酥炸旗魚

◉全部分量 701kcal ◷烹調時間 15分鐘

炸 茶

材料（兩人份）

- 旗魚（切片）……2片
- 鹽……1/4小匙
- 胡椒……少許
- 低筋麵粉……少許
- A【低筋麵粉2大匙、太白粉1大匙、羅勒粉2小匙、氣泡水3大匙】
- 沙拉油……適量

做法

1. 切片旗魚撒上鹽後靜置5分鐘，接著用紙巾擦乾水分。切成容易入口大小，撒上胡椒再裹上低筋麵粉。
2. 平底鍋內倒入深約1.5公分的沙拉油，等油溫升到約170度時，把沾了A的步驟1放入鍋中酥炸。炸到呈金黃色再將油瀝乾。

保存 point

要確實將油瀝乾並放涼。再次加熱時，用烤箱即可。

冷藏 3日　冷凍 2週

搭配組合範例

配菜①
＋(甜)(綠) 花生醬拌蘆筍 ⇒P106

配菜②
＋(酸)(白) 咖哩風味醃花椰菜 ⇒P121

鰤魚切片

冬季是鰤魚最肥美、肉質最鮮甜的時節。除了推薦用照燒等燒烤方式烹調之外，做成味道濃厚的紅燒料理也很適合，而且很下飯。

◉一人份 376kcal ◷烹調時間 12分鐘

吸附了甜甜的醬汁，非常下飯

照燒鰤魚

材料 （兩人份）

鰤魚（切片）……2片
生薑（切片）……2片
鹽……2小撮
味醂……2大匙
醬油……2大匙
沙拉油……2小匙

搭配組合範例

配菜①
＋(酸)(綠) 味噌醋拌小松菜 ⇒P103

配菜②
＋(鹹)(白) 鹽燒大頭菜 ⇒P122

做法

1 切片鰤魚撒上鹽之後靜置5分鐘，接著用紙巾擦乾表面水分，對切成一半。
2 將沙拉油倒入平底鍋，放生薑開小火爆香，再放入步驟**1**。轉中火將兩面各煎2分30秒，上色後翻面，蓋上鍋蓋轉小火繼續煮2～3分鐘。
3 等到兩面確實上色後，加入味醂和醬油，拌炒到完全收汁。

◉一人份 335kcal ◷烹調時間 12分鐘
※不含醃漬時間

用鰤魚代替豬肉來做，也超級美味！

薑汁燒鰤魚

材料 （兩人份）

鰤魚（切片）……2片
生薑（切片）……2片
A【酒1大匙、醬油1大匙】
沙拉油……2小匙

搭配組合範例

配菜①
＋(甜)(紅) 味噌胡蘿蔔條 ⇒P82

配菜②
＋(酸)(白) 柚子大頭菜甘醋漬 ⇒P123

做法

1 用紙巾擦乾鰤魚表面的水分，生薑切絲。用保存容器將**A**均勻攪拌後，加入生薑和鰤魚，放進冰箱冷藏一晚。
2 用紙巾擦掉鰤魚表面多餘的醃醬，其餘容器中的醃醬先留著放在一旁。
3 沙拉油倒入平底鍋中加熱，放入步驟**2**的鰤魚片，轉中火將兩面各煎2分30秒，等一面上色後翻面蓋上鍋蓋，轉小火繼續煎2～3分鐘。
4 兩面都確實上色後，加入步驟**2**的醃醬，拌炒到完全收汁。

請問野上媽媽

鰤魚切片 Q&A

Q 可以用剩下的生魚片做紅燒嗎？

A 可以。魚肉本身很柔嫩，建議把肉切大塊一點確實煮熟，等完全冷卻後再盛盤。此外，也可以用鰹魚或鮪魚來做紅燒料理。

Q 適合拿來做日式柚燒的還有哪些？

A 說到日式柚燒，通常都是用柚子入菜，不過也可以依照季節選擇當季好買的食材，像是柳橙、橘子、檸檬等也可以拿來使用。

加入滿滿的柚子汁！高雅清香的滋味

日式柚燒鰤魚

材料（兩人份）

- 鰤魚（切片）……2片
- 柚子（切片）……2片
- 鹽……2小撮
- A【味醂1大匙、酒1大匙、醬油1大匙、柚子汁1/2顆】

做法

1. 切片鰤魚撒上鹽後靜置5分鐘，接著用紙巾擦乾水分。
2. 在密封袋中混合醬料A後，加入步驟1和柚子切片，放入冰箱冷藏一晚。
3. 用紙巾擦掉鰤魚表面多餘的醃醬，將柚子放在鰤魚上，用烤箱預熱200℃，烤6～7分鐘。

搭配組合範例

配菜①
＋(甜)(黃) 甜煮南瓜 ⇒P94

配菜②
＋(鹹)(綠) 海苔拌小松菜 ⇒P102

◉一人份 321kcal 🕒烹調時間 12分鐘

※不含醃漬時間

烤 茶 黃

加入足夠的醬油，讓保存性更完備！

紅燒鰤魚

材料（容易製作的分量）

- 鰤魚（切片）……2片
- 鹽……2小撮
- 生薑（薑泥）……1大匙
- 醬油……2大匙
- 糖……1大匙
- 酒……1大匙
- 水……100毫升

做法

1. 去掉鰤魚的魚皮，將魚片切成1.5公分左右的塊狀。切塊鰤魚撒上鹽後靜置5分鐘，接著用紙巾擦乾水分。
2. 全部材料放入鍋中，開中火加熱。沸騰後轉小火，蓋上鍋蓋煮到完全收汁，關火並靜置冷卻到常溫。

保存 point

放入殺菌效果高的生薑，更能提高保存度。最重要的是要煮到完全收汁。

冷藏 1週　冷凍 2週

搭配組合範例

配菜①
＋(酸)(綠) 味噌醋拌小松菜 ⇒P103

配菜②
＋(鹹)(紫) 魚香茄子 ⇒P88

◉全部分量 646kcal 🕒烹調時間 12分鐘

※不含冷卻時間

蒸 茶

鯖魚切片

鯖魚蘊含豐富的DHA和EPA，是青背魚中的代表。不論是新鮮鯖魚還是薄鹽鯖魚都很適合做成便當菜。建議用容易入口的去骨魚片，更適合帶便當。

甜

●一人份 304kcal ◷烹調時間 15分鐘

蒸 茶

濃濃韓國風！韓式辣醬的甜辣滋味

韓式醬燒鯖魚

材料 （兩人份）

鯖魚（對切）……1片
長蔥……1/4支
鹽……2小撮
低筋麵粉……少許
A【韓式辣醬2小匙、醬油1小匙、酒1.5大匙】
芝麻油……2小匙

搭配組合範例

配菜①
＋（酸）（綠） 檸檬拌青椒 ⇒P109

配菜②
＋（鹹）（白） 起司烤花椰菜 ⇒P120

做法

1 鯖魚切成兩半，撒上鹽後靜置5分鐘，接著用紙巾擦乾水分，裹上低筋麵粉。長蔥切段。
2 平底鍋中倒入芝麻油預熱，放入蔥段用中火翻炒，炒到上色後將蔥取出，放入鯖魚，煎到兩面呈金黃色。
3 用紙巾擦掉步驟**2**的多餘油脂，將長蔥放入鍋中，再加入混合後的醬料**A**，轉小火加熱。蓋上鍋蓋煮2～3分鐘，等鯖魚熟透將火轉強，讓醬汁拌炒入味。

鹹

●一人份 233kcal ◷烹調時間 8分鐘

炸 白 黃

用薄鹽鯖魚就不用再另外調味！

酥炸鯖魚

材料 （兩人份）

薄鹽鯖魚（對切）……1片
太白粉……適量
沙拉油……適量
檸檬（切片）……1片

做法

1 **先用紙巾擦乾薄鹽鯖魚水分**，切成容易入口大小後裹上太白粉。
2 平底鍋內倒入深約1.5公分的沙拉油，等油溫升到約170度時，將步驟**1**放入鍋中。炸到酥脆金黃後取出盛盤，最後放上一片檸檬即可。

搭配組合範例

配菜①
＋（酸）（紅） 柚子醋炒紅椒 ⇒P85

配菜②
＋（甜）（綠） 涼拌芝麻小松菜 ⇒P102

烹調小祕訣

雖然薄鹽鯖魚已經調味好、可以立即料理，但建議使用前先擦乾水分再烹調，既可以去除腥味，也能防止噴油。

請問野上媽媽

鯖魚切片 Q&A

Q 請問薄鹽鯖魚怎麼煮比較好吃？

A 薄鹽鯖魚用很多方法烹調都很合適，裹上咖哩粉下去烤、裹上麵衣用炸的，或是做成鯖魚鬆配飯也很不錯。

Q 請問日本鯖和澳洲鯖哪種好？

A 建議買當季的最好，不必太在意產地。此外，薄鹽鯖魚目前以挪威產的居多，油脂含量也剛剛好。

口味圓潤、富有層次的烏醋，和鯖魚是天生絕配

烏醋燒鯖魚

材料（兩人份）

鯖魚（對切）……………………1片
鹽……………………………2小撮
A【烏醋2大匙、味醂1大匙、芝麻油1小匙】

做法

1 將鯖魚片對切成兩半，**在表皮上畫出刀痕**，撒上鹽靜置5分鐘，接著用紙巾擦乾水分。
2 在密封袋中充分混合醬汁A，加入步驟1，放入冰箱冷藏一晚。
3 用紙巾擦掉多餘醬汁，把鯖魚放入烤箱，預熱200℃，烤6～7分鐘即完成。

搭配組合範例

配菜①
＋鹹 綠 鹽煮秋葵
⇒P105

配菜②
＋甜 紫 芝麻味噌炒茄子
⇒P88

烹調小祕訣

在鯖魚表皮上畫出刀痕，可以避免魚皮因加熱萎縮、破裂或碎掉，也能讓魚更容易煮熟、醃漬時更好入味。

濃厚生薑風味的招牌燉魚

味噌燉鯖魚

材料（兩人份）

鯖魚（對切）……………………1片
鹽……………………………2小撮
A【生薑（切片）2片、味噌2大匙、味醂2大匙、酒1大匙、水1大匙】
沙拉油…………………………1小匙

做法

1 將鯖魚片對切成兩半，並在表皮上畫出刀痕，撒上鹽靜置5分鐘，接著用紙巾擦乾水分。
2 沙拉油倒入平底鍋中預熱，放入步驟1，用中火煎到魚的兩面都上色。
3 用紙巾擦掉步驟2多餘的油脂，慢慢倒入混合好的醬料A，蓋上鍋蓋、煮滾後轉小火，繼續燉煮到完全收汁。

搭配組合範例

配菜①
＋酸 黃 蜂蜜檸檬煮地瓜
⇒P93

配菜②
＋鹹 綠 芥末醬油拌小松菜
⇒P103

冷藏 3日　冷凍 2週

油豆腐

在豆製品當中，水分含量最少的油豆腐最適合拿來帶便當。分量大、口感層次豐富，可以讓吃的人超級滿足！去油方法也很簡單。

甜

炒 茶 綠

◉一人份 222kcal ◷烹調時間 8分鐘

味道濃郁撲鼻，非常下飯！

番茄糖醋油豆腐

材料（兩人份）

油豆腐……1片
低筋麵粉……少許
大蒜（蒜泥）……1/4瓣
香芹（切末）……少許
酒……2小匙
醬油……1小匙
番茄醬……2大匙
橄欖油……2小匙

做法

1 用紙巾擦掉油豆腐表面的油脂，切成容易入口的大小後，裹上低筋麵粉。
2 橄欖油倒入平底鍋中，並放入大蒜爆香，等香味溢出後加入步驟**1**，轉中火翻炒到上色。
3 加入酒和醬油翻炒，再放番茄醬和香芹把火轉大，均勻翻炒收汁即可。

搭配組合範例

配菜①
＋鹹 紫 香辣紫高麗菜 ⇒P86

配菜②
＋酸 綠 芥末籽花椰菜 ⇒P101

鹹

蒸 茶 黃 白

◉一人份 178kcal ◷烹調時間 15分鐘

溫和的味噌風味，加上多層次的口感

味噌水煮蛋福袋

材料（兩人份）

油豆腐片……1片
雞蛋……2顆
高湯……100毫升
味醂……1大匙
味噌……1大匙

做法

1 用紙巾擦掉豆腐片表面的油脂，用筷子滾平表面。豆腐片對切成兩半，中間打開做成袋狀。
2 高湯放鍋中以中火煮滾，加味醂、味噌，味噌溶解後關火。
3 **把蛋輕輕打入步驟1中**（**a**），用牙籤固定開口處、慢慢放入步驟**2**，開中火煮滾後，蓋上鍋蓋轉小火，繼續煮到收汁。

搭配組合範例

配菜①
＋酸 綠 味噌醋拌小松菜 ⇒P103

配菜②
＋甜 茶 蒲燒竹輪 ⇒P114

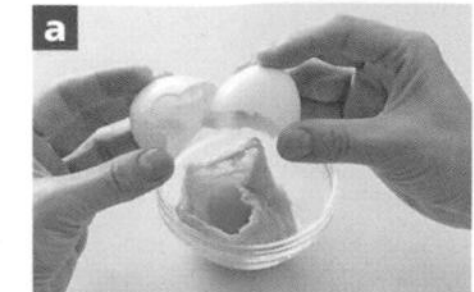

請問野上媽媽 油豆腐 Q&A

Q 請問不用熱水也可以去油嗎？

A 一般都是使用熱水汆燙去除油豆腐的油，但早上手忙腳亂時，用紙巾輕輕按壓，擦掉表面的油就行了。

Q 請問可以用傳統豆腐代替油豆腐嗎？

A 可以。由於傳統豆腐沒有油炸過、表皮非常柔軟，也很容易入味，但也要注意烹調時容易黏在鍋底、或是破掉。

只需要用芝麻油和柚子醋調味！

柚子醋拌豆腐

酸

材料（兩人份）

油豆腐……1片
柚子醋醬油……2大匙
芝麻油……1小匙
青蔥……1株

做法

1 用紙巾擦掉油豆腐表面的油脂，切成容易入口的大小；青蔥切成蔥花。
2 **芝麻油倒入平底鍋中預熱**，放入油豆腐、用中火炒到表面上色。
3 緩緩加入柚子醋，跟醬料、油豆腐一起翻炒到收汁，最後撒上青蔥即可。

烹調小祕訣

雖然用沙拉油清炒就很美味，不過使用芝麻油更能增添整道料理的香氣。

搭配組合範例

配菜①
+（鹹）（紅）酥炸胡蘿蔔 ⇒P82

配菜②
+（甜）（綠）涼拌芝麻小松菜 ⇒P102

◉一人份 178kcal ◷烹調時間 8分鐘

最後撒上柴魚片提升整體風味

柴魚豆腐

鹹 常備菜

材料（兩人份）

油豆腐……1片
A【水100毫升、味醂1大匙、醬油1大匙】
柴魚片……1包（4克左右）

做法

1 用紙巾擦掉油豆腐表面的油脂，切成容易入口的大小。
2 依序將步驟1和A加入鍋中，用中火加熱。沸騰後轉小火，蓋上鍋蓋繼續煮到收汁。
3 最後撒上柴魚片即可。

保存 point

擦掉油豆腐表面的油脂及多餘水分，也能同時去腥，讓調味可以更入味，也增加保存度。

冷藏 3日　冷凍 不可

搭配組合範例

配菜①
+（甜）（黃）醬燒奶油炒玉米 ⇒P96

配菜②
+（酸）（綠）醋醬油拌秋葵 ⇒P105

◉全部分量 367kcal ◷烹調時間 12分鐘

column

做便當前要準備的工具①

**在做便當之前先來確認一下需要哪些工具吧！
除了必備的砧板和菜刀之外，備齊一些常用的烹調工具，
可以讓便當生活更開心！**

平底鍋〈20公分〉

用油加熱烹調，只要一個平底鍋就能完成！

無論是煎、煮、炒、炸，都能使用萬能的平底鍋。鐵氟龍鍋和陶瓷平底鍋都不容易沾鍋，消耗的油量也比較少。

單柄鍋（雪平鍋）〈20公分〉

煮或燉等烹調方式，使用單柄鍋就OK

常被用來燉煮、熬高湯等的單柄鍋，兩側都有倒湯口的類型也很好用。要注意的是，鋁製單柄鍋容易變色，不能用IH調理爐烹調。

單柄鍋（雪平鍋）〈18公分〉

有個小的單柄鍋，燉煮少量配菜時超方便

比20公分小一點的18公分單柄鍋，用來做燉煮配菜大小剛剛好，也很適合用來煮調味醬料或小點心。

玉子燒鍋

想做出漂亮玉子燒不可或缺的工具

做便當用的玉子燒鍋，建議大小約12╳16.5公分左右最合適。材質有銅、鐵、鐵氟龍等多種選擇，也能用來做簡單的快炒料理。

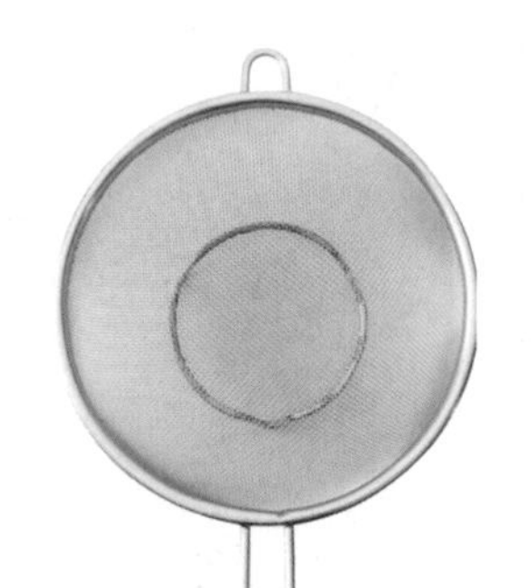

萬能篩網（濾網）

有握把的萬能篩網，常被用來瀝乾湯汁

蔬菜等食材需要瀝乾水分或湯汁時可使用。帶鉤的篩網可以掛在鍋子或碗的邊緣上，有腳的則能立放在水槽中使用。

memo

選用尺寸比較小的鍋具

忙碌時要用很重或很大的鍋子做菜，會覺得麻煩也容易累。帶便當的配菜量比平常做菜的分量少，所以用小一點的工具來料理會更方便。選用適合做便當的烹調工具度過舒服的料理時光吧！

Part 3

紅 紫 黃 綠 茶 白 自由搭配組合！

依顏色分類

配菜

用紅、紫、黃、綠、茶、白這六種顏色＆食材做分類，
介紹各種顏色的蔬菜及食材等製作的配菜食譜。
配菜也按照口味分類，
讓你可以迅速又精準地選擇配菜搭配主菜。

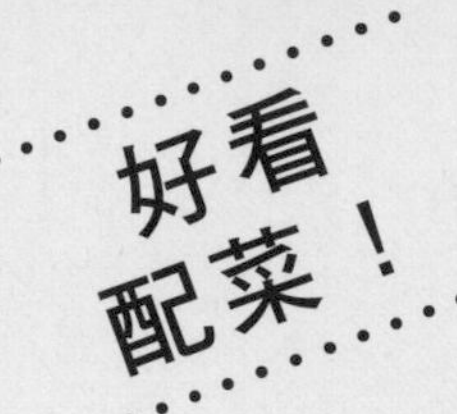

訣竅是照每種食材不同

選擇跟主菜不同口味的配菜，就能讓便當吃不膩！紅、紫、黃、綠、茶、白等各色

色食材

增添溫暖色彩 讓便當變得更華麗

運用長時間放置或加熱也不易變色或變形的小番茄、紅椒、胡蘿蔔等做成的配菜。

例如

◉酥炸胡蘿蔔　鹹

⇒P82

酥炸後的胡蘿蔔顏色更明顯，紅色變得更鮮艷。

◉檸檬醃紅椒　酸

⇒P85

紅椒加熱後顏色更顯眼，是口感清爽的配菜。

色食材

紫色食材加強 便當整體印象

用茄子、紫地瓜、紫高麗菜、紫洋蔥等做成的紫色配菜，加在便當裡可以提升整體印象。

例如

◉和風醬燒茄子　酸

⇒P89

用芝麻油炒茄子，會有更濃的深紫色，再撒上生紫蘇葉就完成！

◉地瓜球　甜

⇒P89

紫地瓜煮過壓成泥做成球狀，是非常有存在感的配菜。

黃

色食材

瞬間增添便當 亮度的配菜

用南瓜、地瓜或玉米等黃色食材做成的配菜，帶有甜味。蛋料理也是黃色配菜的重要成員。

例如

◉甜煮地瓜　甜

⇒P93

地瓜燉煮過後，中間會變成黃色。皮也可以當成紅色素材。

◉清脆玉米沙拉　酸

⇒P97

吸睛力超強的黃色玉米，加上綠色小黃瓜，更顯配色繽紛。

的顏色&口味來搭配！

食材能讓色彩平衡，如果選擇不同的烹調方式，還能縮短完成便當的時間！

綠 色食材

給人健康印象的蔬菜顏色

用綠花椰菜、蘆筍、小松菜、青椒和小黃瓜等綠色蔬菜做成的配菜，可以烹調出各式各樣的口味。

例如

◉柚子醋拌青花菜 酸

⇒P101

青花菜是深綠色的招牌蔬菜，用加鹽熱水烹調。

◉芝麻炒蘆筍 鹹

⇒P106

綠蘆筍用油拌炒過之後，綠色會更加鮮豔。

茶 色食材

讓人覺得溫暖又美味的配菜

用菇類、竹輪、黃豆或乾蘿蔔絲等茶色食材做成的配菜，用醬油或味噌調味也能讓食材變成茶色。

例如

◉起司炒杏鮑菇 鹹

⇒P112

十分有嚼勁的炒杏鮑菇料理也是茶色配菜之一。

◉什錦煮 甜

⇒P118

茶色的乾蘿蔔絲和香菇，再加上紅色的胡蘿蔔，就能增添鮮豔感。

白 色食材

除了白飯之外還有很多白色蔬菜

用花椰菜、大頭菜、馬鈴薯或芋頭等白色蔬菜做成。活用白色配菜，給人一種精緻高尚的印象。

例如

◉鹽燒大頭菜 鹹

⇒P122

大頭菜是白色蔬菜中代表性的選項。只用鹽燒烤，所以顏色潔白無瑕。

◉馬鈴薯沙拉 酸

⇒P125

馬鈴薯加熱後搗碎跟紅色胡蘿蔔拌在一起，顏色鮮艷、活潑。

胡蘿蔔

胡蘿蔔鮮豔的色彩能幫助人提升食慾！無論用煎的、炒的、炸的，還是做成沙拉，都很適合帶便當。是一道能吃到甜味的亮眼配菜。

◉一人份 90kcal ◷烹調時間 8分鐘

用味噌和芝麻做出有層次的口感

味噌胡蘿蔔條

材料 （兩人份）

胡蘿蔔……1/2根
A【味噌2小匙、水2小匙】
白芝麻粉……1大匙
芝麻油……2小匙

做法

1 先將胡蘿蔔切成條狀。
2 芝麻油倒入平底鍋中預熱，接著放入步驟**1**。用較弱的中火翻炒3～4分鐘，直到完全熟透。
3 **把混合後的A倒入鍋中**，翻炒讓鍋底的湯汁收乾，再加入白芝麻粉拌勻。

搭配組合範例

主菜
+ 酸 茶 柚子醋風味漢堡豬排 ⇒P67

配菜②
+ 鹹 綠 高湯煮蘆筍 ⇒P107

烹調小祕訣

比起醬油口味的蘿蔔條，用味噌烹調讓白芝麻粉更容易裹在胡蘿蔔上，也增加甜味。味噌很硬，必須先用熱水完全溶解再使用。

◉一人份 116kcal ◷烹調時間 10分鐘

將胡蘿蔔切丁後一口就能咬下

酥炸胡蘿蔔

材料 （兩人份）

胡蘿蔔……1/3根
低筋麵粉……1小匙
鹽……2小撮
A【低筋麵粉1大匙、太白粉1大匙、水2.5大匙】
沙拉油……適量

做法

1 先將胡蘿蔔切丁，接著裹上1小匙低筋麵粉。
2 在碗中將**A**均勻混合，加入步驟**1**和鹽攪拌。
3 平底鍋內倒入深約1.5公分的沙拉油，等油溫升到約170度時，用湯匙撈起步驟**2**放入鍋中炸2分鐘。定型之後，翻面繼續炸到呈現金黃色。

搭配組合範例

主菜
+ 酸 黃 日式柚燒鰤魚 ⇒P73

配菜②
+ 甜 茶 燉煮香菇 ⇒P112

請問野上媽媽
胡蘿蔔 Q&A

Q 蘿蔔切半後，從哪邊開始用好？

A 如果想做形狀整齊的切片或蘿蔔條，建議先用上半部。想壓成泥或切絲等不用考慮外型時，就建議先用下半部。

Q 請問把皮削掉比較好嗎？

A 炒的用蔬果刷刷一下外皮即可，但要是用火煮或是要做成沙拉，外皮就會讓白濁的浮沫變黑，建議用削皮器將皮削掉。

口感清脆的簡單胡蘿蔔絲沙拉

涼拌胡蘿蔔絲

酸

涼拌

材料（兩人份）

胡蘿蔔……1/2根
鹽……1小撮
A【醋1大匙、糖1小匙、橄欖油1小匙、胡椒少許】

做法

1 先**將胡蘿蔔切絲**，抹上鹽後靜置5分鐘，接著將水分瀝乾。
2 在碗裡將A混合，加入步驟1拌勻。放入冰箱冷藏10分鐘，讓醬汁更入味。

搭配組合範例

主菜

＋甜 茶 鹽麴烤雞 ⇒P64
配菜②
＋鹹 紫 魚香茄子 ⇒P88

烹調小祕訣

胡蘿蔔切絲時可以利用刨絲器，盡可能切成細絲！這樣抹上鹽較容易出水，調味料也能較快入味。

◉一人份 41kcal　◷烹調時間 10分鐘
※不含入味時間

仔細烤過後撒上鹽和七味粉！

七味粉烤胡蘿蔔

鹹　常備菜

烤

材料（兩人份）

胡蘿蔔……1/2根
鹽……1/4小匙
七味粉……少許
沙拉油……1大匙

做法

1 將胡蘿蔔切成厚度約1公分的圓片狀。
2 平底鍋中倒入沙拉油加熱，放入步驟1後蓋上鍋蓋，用較弱的中火慢慢烤熟。
3 胡蘿蔔熟透之後，撒上鹽和七味粉即可。

保存 point

七味粉內含有殺菌效果很好的辛香料，只要撒在料理上，就能夠增加保存性。

冷藏 5日　冷凍 3週

搭配組合範例

主菜

＋酸 茶 烏醋炒雞胸肉 ⇒P63
配菜②
＋甜 白 鹹甜馬鈴薯 ⇒P124

◉全部分量 141kcal　◷烹調時間 5分鐘

紅椒

色彩鮮豔的紅椒是增加彩度時必備的食材。它有豐富的維他命C，可以預防感冒也能養顏美容。不論是拌炒、水煮或做成沙拉都非常美味。

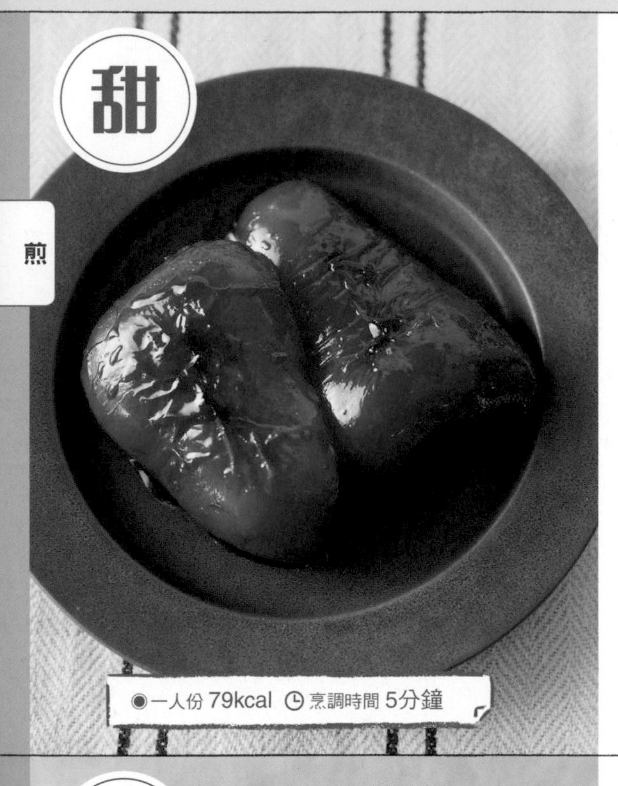

無論顏色或大小都非常有存在感！

照燒紅椒

材料　（兩人份）

紅椒……1/2顆
味醂……1大匙
醬油……1大匙
芝麻油……2小匙

做法

1 紅椒用刀去除蒂頭和籽後，垂直對切成兩半。
2 芝麻油倒入平底鍋中預熱，放入步驟**1**、**用較弱的中火慢慢把紅椒烤熟**。
3 等紅椒確實上色後，加入味醂和醬油，一邊將紅椒與醬汁拌勻，一邊收汁。

搭配組合範例

主菜
＋(酸)(茶) 芥末籽炒牛肉 ⇒P59

配菜②
＋(鹹)(綠) 鹽煮秋葵 ⇒P105

烹調小祕訣

甜椒加熱後甜度會增加，建議用較弱的中火慢慢加熱。把皮朝下烹調，就能烤出漂亮的顏色。

變軟的甜椒吃起來口感溫和

高湯煮紅椒

材料　（兩人份）

紅椒……1/2顆
大蒜……1/4瓣
高湯粉（顆粒）……1/4小匙
胡椒……少許
鹽……1小撮
水……50毫升

做法

1 紅椒用刀去除蒂頭和籽後，垂直切成4等分；大蒜切片。
2 **所有材料放入鍋內，用中火加熱**。沸騰後轉小火繼續煮5分鐘。最後關火，直接放涼。

搭配組合範例

主菜
＋(甜)(茶) 照燒雞肉丸 ⇒P66

配菜②
＋(酸)(白) 馬鈴薯沙拉 ⇒P125

烹調小祕訣

這道食譜非常簡單，只要把所有食材放入鍋中煮熟就行了。用大蒜和高湯調味，帶出甜椒本身的甜味。

請問野上媽媽

紅椒 Q&A

Q 為什麼涼拌用的紅椒要先加熱？

A 因為甜椒的皮很厚，如果直接用生的，醃醬不易入味。加熱能讓醃醬更快入味，也能帶出甜味。

Q 請問紅椒要烤或煎到什麼程度？

A 烤或煎能帶出甜椒本身的甜味。最好能加熱到表面完全上色，建議用小火慢慢加熱。

清爽的口感，吃多了重口味配菜時可以中和

檸檬醃紅椒

酸

材料（兩人份）

- 紅椒……1/2顆
- 洋蔥……1/8顆
- 鹽……1小撮
- A【檸檬汁1/2顆、胡椒少許、香芹（切末）少許】

做法

1. 紅椒用刀去除蒂頭和籽後切成條狀，放入耐熱盤，封上保鮮膜，用微波爐加熱1分15秒取出。洋蔥切絲。
2. 在碗中將步驟1混合，撒上鹽後靜置5分鐘，接著將水分瀝乾。
3. 在步驟2中，依序加入A攪拌，放入冰箱冷藏約10分鐘入味。

搭配組合範例

主菜
＋（甜）（茶）韓式炒牛肉 ⇒P60

配菜②
＋（鹹）（紫）酥炸紫地瓜 ⇒P90

◉一人份 20kcal ◷烹調時間 8分鐘

※不含入味時間

簡單又清爽的醋漬料理

柚子醋炒紅椒

酸 常備菜

材料（兩人份）

- 紅椒……1/2顆
- 柚子醋醬油……1大匙
- 芝麻油……1小匙

做法

1. 紅椒用刀去除蒂頭和籽後，切成容易入口的大小。
2. 芝麻油倒入平底鍋中熱鍋，放入步驟1用較弱的中火慢慢煎熟。
3. 將步驟2放入保存容器，趁熱倒入柚子醋。

保存 point

紅椒會因為柚子醋醬油中的醋，而提高殺菌效果及延長保存。

冷藏 5日　冷凍 2週

搭配組合範例

主菜
＋（鹹）（綠）豬肉燒賣 ⇒P66

配菜②
＋（甜）（茶）蒲燒竹輪 ⇒P114

◉全部分量 74kcal ◷烹調時間 5分鐘

紫高麗菜

想做出讓大家按讚的華麗便當，絕對不能缺少紫高麗菜，做成沙拉或涼拌都適合。也可以用基本的鹽漬或甜醋來調味，也很美味。

甜

涼拌

◉一人份 52kcal ◷烹調時間 8分鐘

可以品嘗到蘋果和玉米的甜味

涼拌紫高麗菜

材料（兩人份）

紫高麗菜	50克
蘋果	1/4顆
玉米（罐頭）	1大匙
美乃滋	1小匙
檸檬汁	1/4顆
鹽	1小撮

做法

1 先將紫高麗菜切絲，抹上鹽後靜置5分鐘，接著將水分瀝乾。**蘋果切絲、淋上檸檬汁**。

2 在碗裡將步驟**1**攪拌後，加入美乃滋和玉米混合均勻。

搭配組合範例

主菜
＋鹹 茶 炸雞腿塊 ⇒P63

配菜②
＋酸 紅 柚子醋炒紅椒 ⇒P85

烹調小祕訣

為了不讓蘋果切完後變色，立刻撒上檸檬汁可以防止變色。如果想保留果皮，先將蘋果徹底洗乾淨再開始料理吧！

鹹

涼拌

◉一人份 58kcal ◷烹調時間 8分鐘

加入豆瓣醬，瞬間變身大人系配菜

香辣紫高麗菜

材料（兩人份）

紫高麗菜	50克
鮪魚（罐頭）	1/2罐
青蔥	1支
鹽	1小撮
豆瓣醬	1/2小匙
醋	1大匙

做法

1 先將紫高麗菜切絲，抹上鹽後靜置5分鐘，接著將水分瀝乾。青蔥切成蔥花；**鮪魚用廚房紙巾輕壓、吸乾水分**。

2 在碗裡將步驟**1**混合後，加入豆瓣醬、醋均勻攪拌即可。

搭配組合範例

主菜
＋酸 紅 涼拌牛肉 ⇒P61

配菜②
＋甜 綠 鹽麴漬黃瓜 ⇒P110

烹調小祕訣

鮪魚用廚房紙巾確實吸乾湯汁，可以讓醬汁更容易入味，也能防止湯汁滲出便當。

請問野上媽媽

紫高麗菜 Q&A

Q 順著纖維的紋路切比較好嗎？

A 想品嘗醋漬菜這種清脆口感的話，建議順著纖維切；如果想吃軟一點的口感，就逆著紋路把纖維切斷。

Q 紫高麗菜沒有煮熟後的食譜嗎？

A 煮熟吃也ＯＫ，但紫高麗菜加熱可能會變色，煮熟的顏色可能會跟想像中不同，所以建議生吃、顏色會比較漂亮。

和醋一起涼拌，顏色變得更鮮豔！

甜醋漬紫高麗菜

酸

醃漬

材料（兩人份）

- 紫高麗菜……50克
- 鹽……1小撮
- 蘋果醋……2大匙
- 糖……2小匙

做法

1. 先將紫高麗菜切絲，抹上鹽後靜置5分鐘，接著將水分瀝乾。
2. 在碗中放入步驟**1**，**加入蘋果醋和糖攪拌均勻**，放入冰箱冷藏10分鐘以上醃漬入味。

◉一人份 23kcal ◷烹調時間 5～6分鐘

※不含入味時間

搭配組合範例

主菜
＋甜 紅 茄汁旗魚 ⇒P70

配菜②
＋鹹 白 起司烤花椰菜 ⇒P120

烹調小祕訣

這道菜除了醋以外只使用鹽和糖，更能嘗到蘋果醋的水果風味。另外也可以用蜂蜜代替糖。

備料和做法都簡單！可以搭配各種食材

鹽漬紫高麗菜

鹹 常備菜

醃漬

材料（兩人份）

- 紫高麗菜……300克
- 鹽……比1小匙少一些

做法

1. 先將紫高麗菜切絲，抹上鹽後靜置5分鐘，接著將水分瀝乾。
2. 將步驟**1**裝入密封袋，放冰箱冷藏30分鐘左右，醃漬入味。靜置一個晚上會更好吃。

◉全部分量 23kcal ◷烹調時間 5分鐘

※不含入味時間

保存 point

想做鹽漬配菜，鹽的用量大約是蔬菜重量的2～5%。鹽用得越多，保存性越高，可以依照個人的喜好調整鹽量的多寡。

冷藏 4日　冷凍 3週

搭配組合範例

主菜
＋甜 茶 蜜汁烤豬 ⇒P54

配菜②
＋酸 黃 紅紫蘇香煎南瓜 ⇒P95

茄子

提到紫色蔬菜就會想到茄子。茄子和油很合，適合炒、煎、炸過之後用醋醃漬等料理方法。想讓茄子顏色更漂亮，祕訣就是要多用一點油。

甜

炒

●一人份 97kcal ⏱烹調時間 8分鐘

味噌和芝麻拌在茄子上，非常下飯！

芝麻味噌炒茄子

材料（兩人份）

茄子……1條
白芝麻粉……1/2大匙
A【味醂1大匙、味噌1大匙】
芝麻油……2小匙

做法

1 茄子用刀去除蒂頭之後，**切成滾刀塊**。
2 芝麻油加入平底鍋內預熱，放入步驟**1**，用較弱的中火翻炒。
3 炒到茄子熟透之後，把混合好的**A**倒入鍋中、將火轉強，翻炒收汁並讓醬汁均勻包覆在茄子上。

搭配組合範例

主菜
＋（酸）（茶）旗魚南蠻漬 ⇒P71
配菜②
＋（鹹）（綠）涼拌薑絲黃瓜 ⇒P110

烹調小祕訣

茄子切好後容易氧化變色，如果切好沒有要立刻使用的話，建議把茄子泡水，防止變色。

鹹

炒

●一人份 119kca ⏱烹調時間 10分鐘

醬汁濃稠，非常適合帶便當

魚香茄子

材料（兩人份）

茄子……1條
豬絞肉……30克
生薑（切片）……2片
豆瓣醬……1/2小匙
A【酒1大匙、蠔油1/2大匙、水1大匙】
B【太白粉1小匙、水2小匙】
芝麻油……1大匙
青蔥……1株

做法

1 茄子用刀去除蒂頭後，切滾刀塊；生薑切末，青蔥切成蔥花。
2 芝麻油倒入平底鍋，加生薑用小火爆香，等香味溢出後放入豬絞肉，用中火翻炒到上色，再加豆瓣醬。
3 茄子炒熟後，依序將**A**加入鍋中。接著放入混合好的**B**，炒到變成濃稠狀，最後撒上青蔥。

搭配組合範例

主菜
＋（酸）（茶）柚子醋拌豆腐 ⇒P77
配菜②
＋（甜）（黃）醬燒南瓜餅 ⇒P95

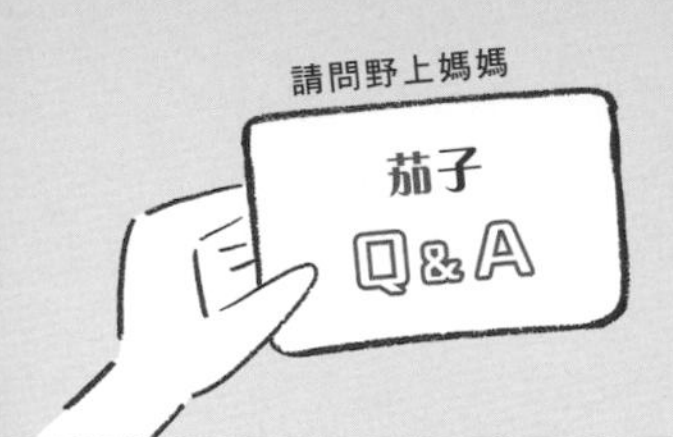

Q 炒茄子時為什麼要先劃出切痕？

A 茄子皮不易煮熟，味道也不容易滲透，表面劃出切痕能讓受熱更均勻、更快煮熟，也比較容易入味。

Q 水茄子、米茄子也適合帶便當嗎？

A 水茄子苦澀味較少，可以立刻撒上鹽醃漬；米茄子只要加熱就會變得軟綿綿，適合用來做碳烤和熱炒料理。

炒

表皮的切痕能讓醬汁更入味，口感更佳

和風醬燒茄子

酸

材料（兩人份）

- 茄子……1條
- A【味醂1大匙、醬油1小匙、水1大匙】
- 醋……1大匙
- 生薑（薑泥）……少許
- 芝麻油……2小匙
- 生紫蘇葉……2片

做法

1. 茄子用刀去除蒂頭後縱切成一半，在表皮劃出刀痕，再縱切成四分之一。生紫蘇葉切絲。
2. 把A放入耐熱容器，用微波爐加熱1分鐘，讓酒精蒸發，加入醋和生薑均勻混合。
3. 芝麻油倒入平底鍋，放茄子、用較弱的中火炒熟。趁熱將茄子泡進步驟2，等冷卻之後放上生紫蘇葉。

主菜
＋(甜)(茶) 味噌燉鯖魚 ⇒P75

配菜②
＋(鹹)(紅) 酥炸胡蘿蔔 ⇒P82

◉一人份 71kcal ◷烹調時間 5分鐘

醃漬

趁茄子還熱時讓醃醬入味

巴薩米克醋醃茄子

酸　常備菜

材料（兩人份）

- 茄子……1條
- A【巴薩米克醋50毫升、水50毫升、鹽1/5小匙】
- 沙拉油……3大匙

做法

1. 把A放入鍋中，大火煮到沸騰。
2. 茄子用刀去除蒂頭後，切成1公分片狀。
3. 平底鍋中倒入沙拉油，開中火放步驟2，煎熟後趁熱時放入步驟1醃漬。

保存 point

醋有極強的殺菌效果，是做常備菜非常推薦的調味料。用巴薩米克醋代替一般的醋，可以讓味道更香濃。

冷藏 5日　冷凍 3週

搭配組合範例

主菜
＋(鹹)(白) 酥炸鯖魚 ⇒P74

配菜②
＋(甜)(綠) 芝麻香青椒 ⇒P108

◉全部分量 396kcal ◷烹調時間 5分鐘

紫地瓜

熱呼呼又香甜美味的紫地瓜，放進便當瞬間就增添一股時尚感！不管用煮的、炸的或做沙拉都合適，是用途非常廣泛的食材。

甜

燉

◉一人份 78kcal ◷烹調時間 10分鐘

活用食材本身甜味做成的料理

鹽麴煮紫地瓜

材料（三～四人份）

紫地瓜…………150克
鹽麴…………1.5大匙
水…………100毫升

做法

1 用蔬果刷把紫地瓜的皮刷洗乾淨，連皮一起切成1.5公分厚片。泡水去除澀味後瀝乾。
2 **全部材料放入鍋中**，轉中火、蓋上鍋蓋，將紫地瓜煮熟，煮到完全收汁。

搭配組合範例

主菜
+ 酸 茶 烏醋炒雞胸肉 ⇒P63

配菜②
+ 鹹 白 起司烤花椰菜 ⇒P120

烹調小祕訣

提到燉菜的調味料，大家可能會立刻先聯想到醬油，不過鹽麴清爽的鹽味，也非常適合用在燉菜上，可以帶出紫地瓜本身的甜味。

鹹

炸

◉一人份 85kcal ◷烹調時間 8分鐘

簡單好滋味，鬆軟又熱呼呼的美味

酥炸紫地瓜

材料（三～四人份）

紫地瓜…………150克
鹽・胡椒…………各少許
沙拉油…………適量

做法

1 用蔬果刷把紫地瓜的皮刷洗乾淨，連皮一起切成1公分厚的半月形。
2 平底鍋內倒入深約1.5公分的沙拉油，**等油溫升到約150度**時，放入步驟**1**慢慢炸到熟透。
3 取出步驟**2**將油瀝乾。**趁熱撒上鹽和胡椒**。

搭配組合範例

主菜
+ 甜 茶 西京味噌燒鮭魚 ⇒P68

配菜②
+  紅紫蘇香煎南瓜 ⇒P95

烹調小祕訣

根莖類蔬菜不容易熟透，建議低溫慢慢炸熟。為了防止噴油，在炸之前要確實把水分擦乾。

請問野上媽媽
紫地瓜 Q&A

Q 請問哪裡買得到紫地瓜？
A 由於紫地瓜的產量不大，如果不容易在一般市場上買到的話，可以購買紫地瓜粉，跟地瓜混合來做料理。（編註：紫地瓜粉在一般量飯店均有販售。）

Q 請問剝不剝皮差在哪裡？
A 不想讓形狀走樣或變色的話，建議連皮一起煮。如果想搗成泥、吃到滑順口感的話，建議削皮後再烹調。

大塊紫地瓜吃起來很有口感

芥末紫地瓜

酸

材料（三～四人份）

- 紫地瓜……150克
- 洋蔥……1/8顆
- 鹽……1小撮
- A【芥末醬1小匙、美乃滋2小匙】
- 香芹（切末）……少許

做法

1. 洋蔥切片，**抹上鹽後靜置5分鐘，接著將水分瀝乾。**
2. 紫地瓜削皮後，切成2公分的丁狀。加熱到竹籤可以穿透，用篩網撈起來放涼。
3. 在碗中將A混合均勻，加入步驟1和步驟2攪拌後，撒上香芹。

搭配組合範例

主菜
＋（甜）（茶）蠔油炒肉片 ⇒P56

配菜②
＋（鹹）（綠）鹽煮秋葵 ⇒P105

烹調小祕訣

如果洋蔥要直接用生的涼拌，建議先用鹽水泡過、瀝乾後再使用；可以去除辣味，和其他食材的味道也更不衝突。

◉一人份 91kcal ◷烹調時間 10分鐘

外型圓圓的很可愛，用來填補空間非常方便

地瓜球

甜 常備菜

材料（兩人份）

- 紫地瓜……200克
- 鹽……1/4小匙
- A【味醂2大匙、糖1/2大匙】

做法

1. 紫地瓜削皮後切成適當大小，加熱到竹籤可以穿透，用篩網撈起來瀝乾。
2. 將步驟1放入鍋中，用壓泥器把紫地瓜壓成泥，依序加入A。轉中火煮到柔軟滑順，加鹽拌勻後放涼。
3. 用湯匙將步驟2分成一口大小，用保鮮膜包起來捏成球狀。

搭配組合範例

主菜
＋（酸）（紅）鹽烤檸檬鮭魚 ⇒P69

配菜②
＋（鹹）（白）鱈魚子炒蘿蔔絲 ⇒P118

冷藏 3日　冷凍 3週

◉全部分量 370kcal ◷烹調時間 15分鐘

地瓜

地瓜這項食材屬於黃色蔬菜，熱呼呼又香甜鬆軟，放進便當裡，能讓人心裡暖洋洋的。不只燉煮好吃，也推薦用酥炸烹調。

◉一人份 193kcal ◷烹調時間 15分鐘

用微波爐加熱地瓜後再酥炸

拔絲地瓜

材料（兩～三人份）

地瓜……100克
A【味醂1大匙、糖1小匙、醬油1大匙】
黑芝麻粉……適量
沙拉油……1.5大匙

做法

1 用蔬果刷把地瓜皮刷洗乾淨，連皮一起切滾刀塊，再沖洗一次。放進耐熱盤，輕輕蓋上保鮮膜，用微波爐加熱3分鐘。
2 沙拉油倒入平底鍋，用中火加熱，放入步驟**1**酥炸，等到炸熟後取出。
3 用紙巾擦掉鍋中多餘的油，依序倒入**A**加熱，煮到濃稠狀之後再放步驟**2**的地瓜塊拌勻，最後撒上黑芝麻粉。

搭配組合範例

主菜
＋(鹹)(茶) 薑汁燒鰤魚 ⇒P72

配菜②
＋(酸)(白) 柚子大頭菜甘醋漬 ⇒P123

◉一人份 89kcal ◷烹調時間 10分鐘

切成有分量的大小，咬起來超滿足

炸地瓜條

材料（兩～三人份）

地瓜……100克
鹽・胡椒……各少許
沙拉油……適量

做法

1 用蔬果刷把地瓜皮刷洗乾淨，切成寬1公分的條狀，再沖一次。
2 平底鍋內倒入深約1.5公分的沙拉油，等油溫升到約150度時，將步驟**1**水分擦乾放入鍋中，用中火慢慢酥炸到熟透。
3 取出步驟**2**後將油瀝乾，**趁熱撒上鹽和胡椒**。

搭配組合範例

主菜
＋(甜)(茶) 蜜汁烤豬 ⇒P54

配菜②
＋(酸)(綠) 檸檬拌青椒 ⇒P109

烹調小祕訣

酥炸地瓜本身就有甜味，趁剛炸好時撒上鹽、胡椒調味，很快就能入味。

請問野上媽媽
地瓜 Q&A

Q 請問地瓜要削皮嗎？

A 地瓜皮很薄也容易入口，接近皮的地方營養豐富，我通常不削皮直接吃。如果不喜歡帶皮的口感，也可以把皮削掉。

Q 下鍋前一定要先泡水去除澀味嗎？

A 直接煮較難入味，建議先泡水去除澀味。如果是要油炸的話，油炸前先用水沖一下再擦乾就可以了。

微酸微甜又溫和清爽的口感

蜂蜜檸檬煮地瓜

酸

材料（兩～三人份）

- 地瓜……100克
- 檸檬（切片）……3片
- 蜂蜜……2小匙
- 水……100毫升

做法

1. 用蔬果刷把地瓜皮刷洗乾淨，切成1公分厚片，泡水去除澀味後瀝乾。
2. **全部食材放入鍋中，用中火加**熱，蓋上鍋蓋，煮到完全收汁。

主菜
+ 甜 茶 照燒雞肉丸 ⇒P66

配菜②
+ 鹹 紫 香辣紫高麗菜 ⇒P86

烹調小祕訣

地瓜和檸檬一起煮過之後，顏色會因為檸檬酸變得更鮮艷。蜂蜜的甜味和檸檬也非常搭。

◉一人份 99kcal　◷烹調時間 15分鐘

燙

香甜滋味很下飯

甜煮地瓜

甜　常備菜

材料（兩人份）

- 地瓜……100克
- 糖……1/2大匙
- 醬油……2小匙
- 水……100毫升

做法

1. 用蔬果刷把地瓜皮刷洗乾淨，切成1公分厚片，泡水去除澀味後瀝乾。
2. 將水、步驟1和糖放入鍋中，開大火加熱，沸騰後轉成較弱的中火，蓋上鍋蓋繼續煮5分鐘。
3. 加入醬油煮到收汁後關火，直接放涼。

搭配組合範例

主菜
+ 鹹 茶 味噌炸豬排 ⇒P54

配菜②
+ 酸 紅 檸檬醃紅椒 ⇒P85

冷藏 3日　冷凍 3週

◉全部分量 166kcal　◷烹調時間 15分鐘

燙

南瓜

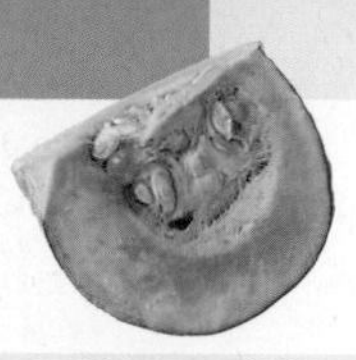

鬆軟又綿密的黃色南瓜非常適合當作帶便當的料理，除了用煎的、煮的之外，也可以做成沙拉、醬燒風味等，料理方式豐富。

甜

燉

◉一人份 62kcal ◷烹調時間 12分鐘

懷念的滋味，南瓜料理的招牌菜

甜煮南瓜

材料（兩～三人份）

南瓜（去蒂頭和籽）····100克
水························100毫升
糖························2/3大匙
醬油······················2小匙

做法

1 將南瓜**切成容易入口的大小**。
2 將步驟**1**皮朝下擺入鍋內，加水和糖後用大火加熱，沸騰後轉成較弱的中火，蓋上鍋蓋繼續煮6～7分鐘。
3 加入醬油煮到收汁，關火後靜置冷卻。

搭配組合範例

主菜
＋(酸)(綠) 糖醋豬 ⇒P55

配菜②
＋(鹹)(茶) 磯邊炸竹輪 ⇒P115

烹調小祕訣

南瓜切成容易入口的大小時，削掉一點切口的稜角、切成圓弧狀，就能防止南瓜煮散。

鹹

涼拌

◉一人份 128kcal ◷烹調時間 12分鐘

鮮豔黃色加上咖哩風味，讓人食指大動

咖哩美乃滋南瓜沙拉

材料（兩～三人份）

南瓜（去蒂頭和籽）····100克
雞蛋··························1顆
A【美乃滋1大匙、咖哩粉1/2小匙、鹽1小撮】

做法

1 先將南瓜隨意切成塊狀，**清洗後切丁**。放進耐熱盤，輕輕蓋上保鮮膜，用微波爐加熱3分鐘。
2 **雞蛋煮到全熟**之後切碎。
3 在碗中將**A**均勻攪拌後，加入步驟**1**和步驟**2**混合涼拌。

搭配組合範例

主菜
＋(酸)(紅) 鹽烤檸檬鮭魚 ⇒P69

配菜②
＋(甜)(綠) 花生醬拌蘆筍 ⇒P106

烹調小祕訣

南瓜切丁後，用微波爐加熱立刻就能熟透；將蛋煮到全熟比較不容易壞。

請問野上媽媽 南瓜 Q&A

Q 請問南瓜一定要去皮嗎？

A 如果表面上有很多疙瘩，可以用削皮器去皮，基本上我烹調時都不會去皮。煮的時候把皮朝下擺就能連皮熟透，所以可以留著。

Q 南瓜很硬，有推薦的切法嗎？

A 如果一開始就要把南瓜切開，我會先去掉蒂頭和籽，用刀尖先刺入南瓜，再從刀尖至刀根的位置往下切到底，非常簡單。

簡單煎過之後，撒上紅紫蘇香鬆為料理加分

紅紫蘇香煎南瓜

酸

煎

材料（兩～三人份）

南瓜（去蒂頭和籽）……100克
紅紫蘇香鬆粉…………1/4小匙
水……………………………1大匙
沙拉油……………………2小匙

做法

1 南瓜切成約1公分的厚片。
2 沙拉油倒入平底鍋中預熱，放入步驟**1**，用較弱的中火加熱，一面各煎1分30秒左右，煎到表面上色。
3 加水蓋上鍋蓋，**用中火燜1分鐘**後，撒上紅紫蘇香鬆粉即完成。

◉一人份 101kcal 🕒烹調時間 5分鐘

搭配組合範例

主菜
＋甜 茶 壽喜燒風味牛肉 ⇒P58

配菜②
＋鹹 紅 高湯煮紅椒 ⇒P84

烹調小祕訣

南瓜煎到表面上色後，蓋上鍋蓋燜熟，因為有蒸氣的壓力，可以讓南瓜更快熟透。

鬆軟口感加上鹹鹹甜甜的醬料，太美妙了！

醬燒南瓜餅

甜 常備菜

煎

材料（容易製作的分量）

南瓜（去蒂頭和籽）……150克
太白粉………………………1大匙
鹽少許
A【味醂1大匙、醬油1大匙】
沙拉油……………………2小匙

做法

1 南瓜清洗後切成一口大小。放進耐熱盤，輕輕蓋上保鮮膜，用微波爐加熱3分鐘。等熟透後，用壓泥器壓成南瓜泥放涼。
2 將太白粉加入步驟**1**中揉捏，用保鮮膜包起來捲成圓筒狀，拿掉保鮮膜，切成1公分的厚片。
3 沙拉油倒入平底鍋中預熱，放入步驟**2**，用中火將兩面煎熟。加入**A**煮到收汁，讓南瓜餅充分跟醬汁混合。

◉全部分量 259kcal 🕒烹調時間 15分鐘

搭配組合範例

主菜
＋酸 茶 旗魚南蠻漬 ⇒P71

配菜②
＋鹹 綠 芝麻炒蘆筍 ⇒P106

冷藏 3日　冷凍 3週

玉米

玉米很適合當作便當的黃色配菜，特別是玉米罐頭，不用烹調處理，買回來就能食用，非常方便。不過要注意，烹調前一定要先瀝乾湯汁再料理。

甜

炒

●一人份 60kcal ◷烹調時間 5分鐘

奶油可以帶出玉米本身的甜味

醬燒奶油炒玉米

材料（兩人份）

玉米（罐頭） 1/2罐（60克）
四季豆……2條
醬油……少許
無鹽奶油……1小匙
橄欖油……1小匙

做法

1 **將玉米倒在篩網上瀝乾後，用廚房紙巾包起來確實將水分吸乾**；四季豆切成小段。
2 把奶油和橄欖油倒入平底鍋預熱，放入四季豆用較弱的中火加熱，翻炒到熟透。
3 加入玉米用大火翻炒，最後倒入醬油調味。

搭配組合範例

主菜
＋(鹹)(紅) 蔬菜烤肉捲 ⇒P58

配菜②
＋(酸)(茶) 黃豆泥 ⇒P117

烹調小祕訣

如果連玉米罐頭的湯汁一起烹調，整體味道會變淡。因此在烹調前先用篩網及紙巾，確實瀝乾湯汁後再料理。

鹹

炸

●一人份 189kcal ◷烹調時間 10分鐘

用熟玉米料理，不用擔心炸不熟

酥炸玉米

材料（兩～三人份）

玉米（罐頭） 1/2罐（60克）
竹輪……1支
A【低筋麵粉1大匙、太白粉1大匙】
水……1大匙
沙拉油……適量

做法

1 將玉米倒在篩網上瀝乾後，用廚房紙巾包起來確實將水分吸乾。竹輪切成約0.5公分厚的薄片。
2 碗中放入步驟**1**、**A**後拌勻，加水均勻混合。
3 平底鍋內倒入深約1.5公分的沙拉油，等油溫升到約170度時，用湯匙舀起步驟**2**，輕輕放入鍋內炸1分30秒，等整體凝固後翻面，再繼續炸1分30秒。

搭配組合範例

主菜
＋(酸)(茶) 柚香涮肉 ⇒P57

配菜②
＋(甜) 醬滷昆布秋葵 ⇒P104

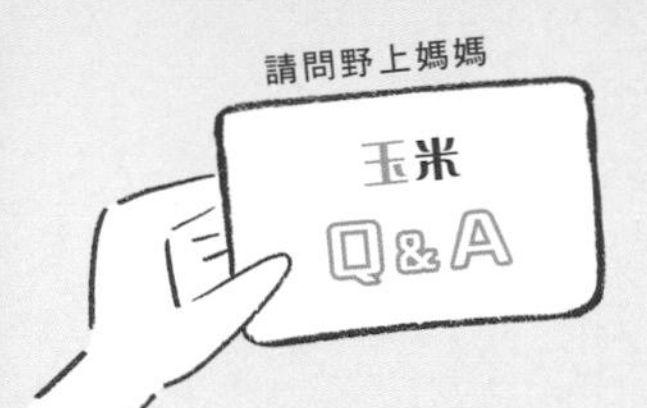

Q 自己煮玉米粒要怎麼剝得漂亮？
A 可以選擇用菜刀一列一列地把玉米切下來，或是用拇指指腹，用力把玉米粒一顆顆剝下來。

Q 玉米罐頭的湯汁可以用在哪裡？
A 玉米罐頭的湯汁可以用來做玉米飯或玉米湯等料理，運用起來非常方便。千萬別直接倒掉，拿來物盡其用才不會浪費！

配色漂亮！用最基本的沙拉醬汁即可

清脆玉米沙拉

酸

涼拌

材料（兩人份）

玉米（罐頭）.1/2罐（60克）
小黃瓜……1/2根
A【橄欖油1小匙、醋1小匙、鹽・胡椒粉各少許】

做法

1 將玉米倒在篩網上瀝乾後，用廚房紙巾包起來確實將水分吸乾。小黃瓜縱切一半，去籽切丁。
2 在碗中將A混合後加入步驟1拌勻，放至冰箱冷藏10分鐘入味，**最後水分瀝乾**。

搭配組合範例

主菜
＋(甜)(茶) 蜜汁烤豬 ⇒P54
配菜②
＋(鹹)(紅) 高湯煮紅椒 ⇒P84

烹調小祕訣

加入沙拉醬汁後，蔬菜會因為其中的鹽分出水，料理完將水分完全瀝乾，可以防止帶便當時滲出湯汁。

◉一人份 47kcal ◷烹調時間 5分鐘
※不含入味時間

培根的鮮味讓人忍不住一口接一口

培根炒玉米

鹹 常備菜

炒

材料（容易製作的分量）

玉米（罐頭） 1罐（120克）
培根……2大片
鹽・胡椒粉……各少許
橄欖油……1小匙
香芹（切末）……少許

做法

1 將玉米倒在篩網上瀝乾後，廚房。培根切成1公分寬的大小。
2 橄欖油倒入平底鍋中預熱，放入培根用中火翻炒到上色，之後加玉米翻炒，再放入鹽和胡椒粉調味，最後撒上香芹即可。

搭配組合範例

主菜
＋(甜)(茶) 番茄糖醋油豆腐 ⇒P76
配菜②
＋(酸)(紅) 檸檬醃紅椒 ⇒P85

保存 point

用篩網將玉米罐的湯汁瀝乾，再用紙巾完全吸乾水分，能防止細菌滋生。

冷藏 3日 冷凍 3週

◉全部分量 257kcal ◷烹調時間 5分鐘

column

運用辛香料和調味料，讓味道和顏色變得更豐富

辛香料

為料理帶來色彩、鹹味及香味

芥末籽醬、豆瓣醬、芥末、山椒等辛香料，能為料理帶來鹹、香、酸等不同風味，讓食物變化出意想不到的新滋味。不論是事先醃漬或在上桌前調味，都能讓菜色的味道更有層次，也很推薦加入涼拌用的醬料或調味料。還有，像咖哩粉這類的辛香料，不只能增添風味，也能為食物上色。

咖哩粉

能輕鬆享受咖哩風味的辛香料，也是將食材染成黃色的重要角色。

芥末籽醬

清爽的香酸中帶點柔和的辣味，芥末籽顆粒增添一股獨特的口感。

豆瓣醬

鮮豔的紅與微辣的口感引起食慾。加熱後會更增添香味和美味。

乾燥羅勒葉

撒一點羅勒葉就能增添清新滋味，非常適合搭配番茄或肉類料理。

乾辣椒

帶著特有的刺激性辣味。籽的辣味極強，建議把籽取出再使用。

山葵

加熱後可以和緩嗆鼻的刺激，單純享受山葵本身的香味。

七味辣椒粉

有紅辣椒、芝麻、陳皮等，是能讓辣和香取得絕妙平衡的辛香料。

山椒粉

帶有柑橘系清香以及讓舌頭發麻的辣味，讓人欲罷不能。

調味料・油

加點調味料和油就能改變味道、顏色和風味

配菜會用到的基本調味料有醬油、柚子醋醬油、鹽、味噌、糖和味醂等等，再加上蠔油、美乃滋和番茄醬就能調出不同口味。想增添味道，可以用芝麻油或橄欖油等有味道的油；除了炒菜，用來做沙拉或涼拌，也可以品嘗到與眾不同的風味。

醬油

除了鹹、香，還帶有些許甘甜味及圓潤的口感，能增添料理風味。

柚子醋醬油

加了柑橘類果汁的調味料，清爽的酸味為菜色加分。

鹽

加一點點就能提出食物的美味，是廚房不可或缺的調味料。

味噌

兼具鹹、香、甜等滋味絕妙的調味料，種類非常繁多。

芝麻油

帶有讓人增加食慾的香氣，能為料理增添風味與層次。

橄欖油

從橄欖萃取出帶有濃厚香氣的油，是做西式料理必備的存在。

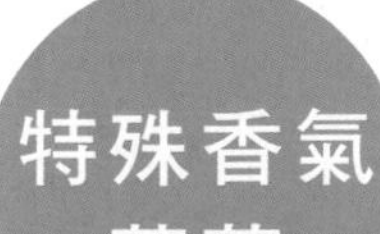

運用食材本身香氣、辣味帶出美味並增色

調味時如果覺得味道不夠，可以加入附有特殊香氣的蔬菜或柑橘類，就能馬上帶出料理的美味。例如：加點青蔥或生紫蘇葉，不僅能增添香氣，也增加了色彩豐富度。加柚子或檸檬，則能馬上嘗到清爽的酸和香。大蒜和生薑則適合用來預先調味或炒菜，讓美味更加分。

青蔥

蔥類食材當中辣度最低的青蔥，切成蔥花後就可以直接使用。

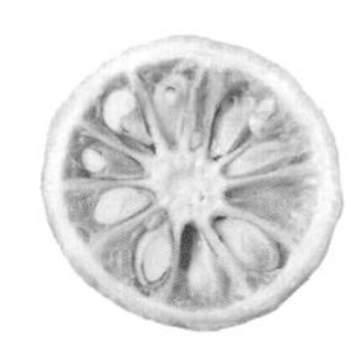

香橙

日本常用的香氣蔬菜，其酸味能提升各種料理的美味與香氣。

檸檬

清爽酸香的檸檬，由於酸味強烈，有時候在料理中也可以用來代替醋。

生紫蘇葉

帶有清涼感的香氣與風味，是料理中的亮點。殺菌效果也很強。

生薑

香味與辣味能刺激食慾，殺菌效果強，也能幫助調整腸胃狀況。

大蒜

帶有獨特的香氣不但開胃，也有恢復疲勞及滋養強身的效果。

青花菜

蘊含豐富的β-胡蘿蔔素和維他命C的綠色蔬菜——青花菜，是增添便當色彩的重要角色。除了鹽煮，涼拌及清炒都很美味。

甜

涼拌

◉一人份 35kcal ◷烹調時間 5分鐘

濃郁香氣的芝麻風味

芝麻拌青花菜

材料 （兩人份）

青花菜……… 4朵（約60克）

A【鹽1/3小匙、熱水200毫升】

B【黑色芝麻粉1/2大匙、醬油1/2大匙、糖1/2大匙】

做法

1 青花菜放入**A**中汆燙（如果是用微波爐加熱，先洗過一遍，不用瀝乾、直接放進耐熱容器，撒上少許鹽〈未列入食材〉，輕輕蓋上保鮮膜加熱40秒），用篩網撈起放涼，**再用紙巾包起來吸乾水分**。

2 在碗中將**B**均勻混合後，加入步驟**1**拌勻即可。

搭配組合範例

主菜
+ 酸 茶 旗魚南蠻漬 ⇒P71

配菜②
+ 鹹 紅 七味粉烤胡蘿蔔 ⇒P83

烹調小祕訣

想讓醬汁入味，青花菜煮過後就必須確實瀝乾。也可以用白芝麻代替黑芝麻。

鹹

炒

◉一人份 47kcal ◷烹調時間 5分鐘

調味簡單，和許多配菜都能自由組合搭配

清炒青花菜

材料 （兩人份）

青花菜……… 4朵（約60克）

鹽……… 1小撮

胡椒……… 少許

橄欖油……… 2小匙

做法

1 將**每朵青花菜再對切成一半**。

2 橄欖油倒入平底鍋中預熱，放入步驟**1用中火炒到上色**。蓋上鍋蓋後燜30秒，最後撒上鹽和胡椒調味。

搭配組合範例

主菜
+ 酸 茶 芥末籽炒牛肉 ⇒P59

配菜②
+ 甜 紫 涼拌紫高麗菜 ⇒P86

烹調小祕訣

青花菜不用先燙過，直接下鍋煮就可以了。想在短時間內確實煮熟，把每朵花椰菜對切成一半就能更快完成。

請問野上媽媽

青花菜 Q&A

Q 為什麼要用加了鹽的熱水先燙過？

A 用加了鹽的熱水燙過能順便調味，直接吃也沒問題。另外，這樣等青花菜放涼後也不容易褪色。

Q 青花菜剩下的芯也能煮嗎？

A 把芯丟掉很浪費，把硬皮削掉後中間嫩的部分也很好吃。用跟青花菜一樣的烹調方式來料理它吧！

涼拌

加入鮪魚，立刻搖身一變成為華麗配菜

柚子醋拌青花菜

酸

材料（兩人份）

青花菜……4朵（約60克）
鮪魚（罐頭）……1/2罐
A【鹽1/3小匙、熱水200毫升】
B【柚子醋醬油1/2大匙、芝麻油1小匙】

做法

1 青花菜放入A中汆燙（如果是用微波爐加熱，先洗過一遍，不用瀝乾、直接放進耐熱容器，撒上少許鹽〈未列入食材〉，輕輕蓋上保鮮膜加熱40秒），用篩網撈起放涼，**再用紙巾包起來吸乾水分**。鮪魚也同樣**將湯汁瀝乾**。
2 在碗裡將B均勻混合後，加入1拌勻即可。

烹調小祕訣

想讓煮過的青花菜及鮪魚更容易入味，就必須確實把水分瀝乾。

搭配組合範例

主菜
+（甜）（茶）照燒雞肉丸 ⇒P66

配菜②
+（鹹）（黃）咖哩美乃滋南瓜沙拉 ⇒P94

◉一人份 77kcal　◷烹調時間 5分鐘

※不含入味時間

涼拌

用芥末籽醬&醋調出清爽酸味！

芥末籽青花菜

材料（兩人份）

青花菜……4朵（約60克）
A【鹽1/3小匙、熱水200毫升】
B【芥末籽醬1小匙、醋1大匙、橄欖油1/2大匙、糖1小匙、鹽1/4小匙】

做法

1 青花菜放入A中汆燙（如果是用微波爐加熱，先洗過一遍，不用瀝乾、直接放進耐熱容器，撒上少許鹽〈未列入食材〉，輕輕蓋上保鮮膜加熱40秒），用篩網撈起放涼，再用紙巾包起來吸乾水分。
2 在碗裡將B均勻混合後，加入步驟1拌勻即可。

保存 point

用殺菌效果高的醋來調味，可以提高保存性。確實瀝乾青花菜這步驟也非常重要。

冷藏 3日　冷凍 3週

搭配組合範例

主菜
+（甜）（茶）韓式醬燒鯖魚 ⇒P74

配菜②
+（鹹）（白）炸芋頭 ⇒P125

小松菜

小松菜沒有澀味，也容易煮熟，這兩個優點讓它成為忙碌早晨最適合料理的首選食材。只要稍微燙一下即可，也能用微波爐加熱。

甜

涼拌

◉一人份 42kcal　◷烹調時間 5分鐘

滿滿芝麻香的韓風涼拌小菜

涼拌芝麻小松菜

材料（兩人份）

A【鹽1/3小匙、熱水200毫升】

B【芝麻油1小匙、糖1小匙、白芝麻粉1小匙、鹽1/5小匙、胡椒少許】

做法

1 小松菜放入**A**中汆燙（如果是用微波爐加熱，先洗過一遍，不用瀝乾、直接放進耐熱容器，撒上少許鹽（未列入食材），輕輕蓋上保鮮膜加熱40秒），用篩網撈起、**沖冷水放涼**，再用紙巾包起來吸乾水分。小松菜去掉根部，切成5公分長段。

2 在碗裡將**B**均勻混合後，加入步驟**1**拌勻即可。

搭配組合範例

主菜
+（鹹）（茶）味噌水煮蛋福袋 ⇒P76

配菜②
+（酸）（紅）柚子醋炒紅椒 ⇒P85

烹調小祕訣

剛燙好的青菜立刻沖冷水冷卻，可以防止變色，不過注意之後要確實將水分瀝乾。

鹹

涼拌

◉一人份 10kcal　◷烹調時間 5分鐘

充滿海苔香氣的溫和口感

海苔拌小松菜

材料（兩人份）

小松菜……3株

A【鹽1/3小匙、熱水200毫升】

B【海苔絲1撮、醬油1/2大匙】

做法

1 小松菜放入**A**中汆燙（如果是用微波爐加熱，先洗過一遍，不用瀝乾、直接放進耐熱容器，撒上少許鹽（未列入食材），輕輕蓋上保鮮膜加熱40秒），用篩網撈起、沖冷水放涼，再用紙巾包起來吸乾水分。

2 **在碗裡將B均勻混合後**，加入步驟**1**拌勻即可。

搭配組合範例

主菜
+（酸）（紅）涼拌牛肉 ⇒P61

配菜②
+（甜）（茶）蒲燒竹輪 ⇒P114

烹調小祕訣

加上海苔絲，讓只用醬油調味的小松菜不會過於單調。

請問野上媽媽

小松菜 Q&A

Q 有什麼技巧能讓小松菜更美味？

A 鹽水汆燙時先燙根部10秒，再燙整體10秒，接著立刻沖冷水冷卻、瀝乾。小松菜不澀，可以把加熱時間縮到最短。

Q 什麼食材跟小松菜拌在一起好吃？

A 小松菜沒有澀味和刺激的味道，配上燙過的肉、豆皮、鮪魚、小魚乾、魚漿都適合。想做涼拌的話，柴魚粉或花生也不錯。

享受酸酸甜甜的醋和味噌拌在一起的新口感

味噌醋拌小松菜

酸　涼拌

材料（兩人份）

小松菜……3株

A【鹽1/3小匙、熱水200毫升】

B【糖1小匙、味噌1小匙、醋1/2小匙】

做法

1 小松菜放入A中汆燙（如果是用微波爐加熱，先洗過一遍，不用瀝乾、直接放進耐熱容器，撒上少許鹽（未列入食材），輕輕蓋上保鮮膜加熱40秒），用篩網撈起、沖冷水放涼，再用紙巾包起來吸乾水分。

2 在碗裡將B均勻混合後，加入步驟1拌勻即可。

搭配組合範例

主菜 +（鹹）（紅）鮭魚碎肉 ⇒P69

配菜② +（甜）（白）雞絞肉煮大頭菜 ⇒P122

烹調小祕訣

味噌醋會因為味噌種類不同而決定味道，可以試試不同味噌調出來的口味。如果用甜味噌調味，成品的口感也會偏甜。

◉一人份 20kcal　烹調時間 5分鐘

讓美味的芥末化身和風涼拌配菜

芥末醬油拌小松菜

鹹　常備菜　涼拌

材料（兩人份）

小松菜……3株

A【鹽1/3小匙、熱水200毫升】

B【醬油1/2大匙、山葵少許】

做法

1 小松菜放入A中汆燙（如果是用微波爐加熱，先洗過一遍，不用瀝乾、直接放進耐熱容器，撒上少許鹽（未列入食材），輕輕蓋上保鮮膜加熱40秒），用篩網撈起、沖冷水放涼，再用紙巾包起來吸乾水分。小松菜去掉根部，切成5公分長段。

2 在碗裡將B均勻混合後，加入步驟1拌勻即可。

搭配組合範例

主菜 +（酸）（茶）烏醋燒鯖魚 ⇒P75

配菜② +（甜）（紫）鹽麴煮紫地瓜 ⇒P90

冷藏 3日　冷凍 3週

◉全部分量 26kcal　烹調時間 5分鐘

秋葵

秋葵富有黏性、水分又少，適合帶便當。切法不同就能做出不同的變化，先全部用鹽水汆燙過，之後再調味即可，十分方便。

甜

涼拌

◉一人份 20kcal ◷烹調時間 5分鐘

用醬滷昆布的甘甜及芝麻油為美味加分！

醬滷昆布秋葵

材料（兩人份）

秋葵……………1/2袋（6條）

A【醬滷昆布海苔醬1/2小匙、芝麻油1/2小匙】

做法

1 切掉秋葵的蒂頭，抹上2撮鹽（未列入食材），放在砧板上反覆搓揉一會。

2 將沾著鹽的步驟**1**直接汆燙，增加脆度並用篩網撈起，接著用紙巾擦乾水分，把秋葵切成1.5公分的段狀。

3 **在碗中將A均勻混合後**，加入步驟**2**拌勻即可。

搭配組合範例

主菜

+（酸）（紅）糖醋豬 ⇒P55

配菜②

+（鹹）（茶）起司炒杏鮑菇 ⇒P112

烹調小祕訣

用味道濃厚的醬滷昆布海苔醬調味，就不需要其他調味料，製作涼拌小菜非常簡單。想再增添一點風味，可以加少許芝麻油。

鹹

炒

◉一人份 38kcal ◷烹調時間 5分鐘

芥末籽醬微酸又強烈的辛辣是這道菜的亮點

芥末炒秋葵

材料（兩人份）

秋葵……………1/2袋（6條）

A【酒2小匙、鹽1小撮、芥末籽醬1小匙】

橄欖油……………1小匙

做法

1 切掉秋葵的蒂頭，抹上2撮鹽（未列入食材），放在砧板上反覆搓揉一會。用水清洗後，拿紙巾擦乾水分、斜切。

2 橄欖油倒入平底鍋中預熱，放入步驟**1**用中火翻炒。

3 **依序將A加入鍋中**，將秋葵與醬汁均勻翻炒，收汁。

搭配組合範例

主菜

+（酸）（茶）烏醋炒雞胸肉 ⇒P63

配菜②

+（甜）（紫）涼拌紫高麗菜 ⇒P86

烹調小祕訣

單用鹽和胡椒做簡單的調味也很好吃，不過試試用微酸的芥末籽醬調味，做一些變化吧！

請問野上媽媽 秋葵 Q&A

Q 秋葵為什麼要在砧板上反覆搓揉？

A 撒上鹽後反覆搓揉，可以去除秋葵表面上的細小絨毛，也能讓汆燙過的秋葵顏色變得更鮮豔、亮麗。

Q 不能切了再汆燙嗎？

A 秋葵中間有縫隙，切了再汆燙的話會進水，味道會變淡，裡面的黏液也會流出來，所以不建議切了再汆燙。

柴魚片和醋醬油搭配非常適合

醋醬油拌秋葵

◉一人份 14kcal ⏱烹調時間 2分鐘

材料（兩人份）

秋葵……1/2袋（6條）

A【醋1小匙、醬油1小匙、柴魚片少許】

做法

1 切掉秋葵的蒂頭，抹上2撮鹽（未列入食材），放在砧板上反覆搓揉一會。

2 將沾著鹽的步驟1直接汆燙，增加脆度並用篩網撈起，接著用紙巾擦乾水分，縱切成兩半。

3 在碗中將A均勻混合後，加入步驟2拌勻即可。

搭配組合範例

主菜 ＋(鹹)(茶) 蔥燒鮭魚 ⇒P68

配菜② ＋(甜)(黃) 醬燒南瓜餅 ⇒P95

烹調小祕訣

加入少許柴魚片就能讓味道更順口、增加風味，也能幫助吸收湯汁，減少溢出機會。

簡單的鹽水汆燙出萬能配菜！

鹽煮秋葵

◉全部分量 16kcal ⏱烹調時間 3分鐘

材料（容易製作的分量）

秋葵……1袋（12條）

水……300毫升

鹽……1小匙

做法

1 切掉秋葵的蒂頭，抹上2撮鹽（未列入食材），放在砧板上反覆搓揉一會。

2 鍋子裝水放鹽、煮至沸騰，將沾著鹽的步驟1直接汆燙，用篩網撈起、確實瀝乾。

搭配組合範例

主菜 ＋(甜)(茶) 照燒雞肉丸 ⇒P66

配菜② ＋(酸)(白) 馬鈴薯沙拉 ⇒P125

保存 point

製作常備菜時要加比平常多一點的鹽分汆燙，也要確實將水分瀝乾。

冷藏 3日　冷凍 3週

蘆筍

口感清脆又富有嚼勁的綠蘆筍，可以用煎的、炒的、煮的或涼拌等等，作法非常多元。和魚類、肉類食材一起烹調也很適合。

甜

涼拌

◉一人份 32kcal ◷烹調時間 5分鐘

單用芝麻涼拌就很美味，但花生醬也超搭

花生醬拌蘆筍

材料 （兩人份）

蘆筍……2根

A【鹽1/3小匙、熱水200毫升】

B【花生醬（無糖）1小匙、糖1小匙、醬油1/2小匙】

做法

1 把蘆筍靠近根部較硬的皮削掉，切掉莖後切成5公分長段。

2 步驟**1**放入**A**中汆燙（如果是用微波爐加熱，先洗過一遍，不用瀝乾、直接放進耐熱容器，撒上少許鹽（未列入食材），輕輕蓋上保鮮膜加熱40秒（若蘆筍較細，加熱30秒即可）），用篩網撈起，再用紙巾把蘆筍包起來吸乾水分。

3 在碗裡將**B**均勻混合後，加入步驟**2**拌勻即可。

搭配組合範例

主菜
+ 酸 茶 梅香蒸雞 ⇒P65

配菜②
+ 鹹 黃 咖哩美乃滋南瓜沙拉 ⇒P94

鹹

炒

◉一人份 48kcal ◷烹調時間 5分鐘

用大量芝麻烹調的簡單熱炒料理

芝麻炒蘆筍

材料 （兩人份）

蘆筍……2根

白芝麻粉……2小匙

酒……2小匙

鹽・胡椒……各少許

芝麻油……1小匙

做法

1 把蘆筍靠近根部較硬的皮削掉，切掉莖後斜切成5公分長段。

2 **芝麻油倒入平底鍋中預熱**，放入步驟**1**用大火翻炒。炒到上色後倒入酒，蓋上鍋蓋悶30秒。

3 **用鹽和胡椒調味，最後撒上白胡椒粉**。

搭配組合範例

主菜
+ 甜 茶 照燒鰤魚 ⇒P72

配菜②
+ 酸 紫 和風醬燒茄子 ⇒P89

烹調小祕訣

不用糖等甜的調味料烹調，而是用大量芝麻拌炒。加入芝麻油後，瞬間增添風味。

Q 蘆筍一定要去莖嗎？

A 根部的地方不管薄皮還是莖都很硬，建議切掉比較好。如果有一半以上不硬，不切除也沒關係。

Q 為什麼要用加鹽的熱水汆燙？

A 用鹽水汆燙過，冷卻後蘆筍的綠色會變得更鮮艷。而且汆燙時有鹽一起調味，直接拿來吃就很美味。

只需炒過、泡在柚子醋裡，做起來超簡單！

柚子醋炒蘆筍

酸

炒

材料（兩人份）

- 蘆筍……2根
- 柚子醋醬油……1大匙
- 沙拉油……1小匙

做法

1. 把蘆筍靠近根部較硬的皮削掉，切掉莖後切成5公分長段。
2. 沙拉油倒入平底鍋中預熱，放入步驟**1**用中火翻炒。
3. 綠蘆筍炒到上色後盛盤，**趁熱淋上柚子醋醬油**。

烹調小祕訣

蘆筍炒到上色後，趁熱淋上柚子醋醬油，可以讓醬汁更入味。

搭配組合範例

主菜

+ 鹹 茶 味噌炸豬排 ⇒P54

配菜②

+ 甜 紫 涼拌紫高麗菜 ⇒P86

●一人份 28kcal 烹調時間 5分鐘

用柴魚片調出溫和的口味

高湯煮蘆筍

燙

材料（兩人份）

- 蘆筍……3根
- A【酒1大匙、鹽1/4小匙、柴魚片1包（約4克）】
- 水……200毫升

做法

1. 把蘆筍靠近根部較硬的皮削掉，切掉莖後再切成3等分。
2. 在鍋中加水煮到沸騰，依序加入**A**之後再次煮滾。
3. 將步驟**1**加入鍋中，煮到沸騰後關火、放涼。

保存 point

倒入高湯覆蓋綠蘆筍表面，能防止蘆筍接觸空氣，可以保存較長時間。如果高湯不夠，就需要在蘆筍表面蓋上一層保鮮膜。

冷藏 3日　冷凍 3週

搭配組合範例

主菜

+ 酸 茶 旗魚南蠻漬 ⇒P71

配菜②

+ 甜 白 柴魚片拌花椰菜 ⇒P120

青椒

綠色的青椒容易熟，很適合做成便當配菜，我經常用青椒來汆燙或熱炒。將青椒煮得鹹鹹甜甜，就是一道非常下飯的配菜。

◉一人份 57kcal ◷烹調時間 5分鐘

炒得鹹鹹甜甜，非常下飯

芝麻香青椒

材料（兩人份）

青椒……2顆
味醂……1/2大匙
醬油……1/2大匙
白芝麻粉……少許
芝麻油……2小匙

做法

1 先去除青椒的蒂頭、白色囊狀組織和籽後，切成條狀。
2 芝麻油倒入平底鍋中預熱，放入步驟**1**用中火翻炒。
3 等青椒炒到變軟時加入味醂、醬油，邊炒邊收汁，**最後加入白芝麻粉拌勻**。

搭配組合範例

主菜
＋（鹹）（茶）薑汁燒鰤魚 ⇒P72
配菜②
＋（酸）（紫）和風醬燒茄子 ⇒P89

烹調小祕訣

當然用芝麻粒也OK，但要讓芝麻風味更突出，還是非芝麻粉莫屬。芝麻粉也能吸收醬汁，防止便當滲出湯汁。

◉一人份 26kcal ◷烹調時間 3分鐘

只要把鹽昆布和芝麻油拌在一起就完成！

鹽昆布拌青椒

材料（兩人份）

青椒……2顆
A【鹽昆布1大匙、芝麻油1小匙】

做法

1 先去除青椒的蒂頭、白色囊狀組織和籽後，切成條狀。裝入耐熱盤，不用蓋保鮮膜直接微波加熱1分鐘。**放涼後再用紙巾包起來，輕壓吸乾水分**。
2 在碗裡將**A**均勻混合後，加入步驟**1**拌勻即可。

搭配組合範例

主菜
＋（甜）（茶）韓式醬燒鯖魚 ⇒P74
配菜②
＋（酸）（黃）紅紫蘇香煎南瓜 ⇒P95

烹調小祕訣

用微波爐加熱青椒會出水，所以放涼後，要用紙巾將青椒包起，輕壓吸乾水分。

請問野上媽媽 青椒 Q&A

Q 請問要如何去除青椒的苦味？

A 把連成一體的蒂頭、白色囊狀組織和籽，甚至連白筋都削掉就可以去除苦味。另外，不蓋保鮮膜、直接微波加熱瀝乾，也能去除苦味。

Q 切成條狀時要直切還是橫切？

A 想煮過就縱切會比較好，因為保留了纖維，咬起來口感也比較好。如果想生吃就要垂直逆紋切斷纖維，口感柔軟也比較好入味。

加入檸檬的酸味，清爽酸香

檸檬拌青椒

材料（兩人份）

青椒……2顆

A【檸檬汁1/2顆量、鹽一小撮、胡椒少許】

做法

1 先去除青椒的蒂頭、白色囊狀組織和籽後，切成條狀。裝入耐熱盤，不用蓋保鮮膜直接微波加熱1分鐘。放涼後再用紙巾包起來，輕壓吸乾水分。

2 在碗裡將A均勻混合後，加入步驟1拌勻即可。

烹調小祕訣

青椒的綠色，在加了檸檬汁後會更鮮艷。拌入橄欖油和胡椒鹽，就能調出清爽的西式風味。

搭配組合範例

主菜
+ 甜 茶 雞肉肉燥 ⇒P67

配菜②
+ 鹹 白 起司烤花椰菜 ⇒P120

青椒的苦澀和甘甜，交織出絕妙的平衡

鹹甜青椒

材料（容易製作的分量）

青椒……3顆

醬油……1大匙

味醂……1大匙

糖……1小匙

水……100毫升

做法

1 先去除青椒的蒂頭、白色囊狀組織和籽後，縱切成兩半。

2 全部材料加入鍋中，用中火加熱。煮到沸騰後轉小火，蓋上鍋蓋，煮到完全收汁。

保存 point

為了增加保存性，可以把味道調得濃一點，最後也一定要確實加熱到完全收汁。

冷藏 5日　冷凍 3週

搭配組合範例

主菜
+ 鹹 茶 薑汁燒肉 ⇒P56

配菜②
+ 酸 白 檸檬炒大頭菜 ⇒P123

小黃瓜

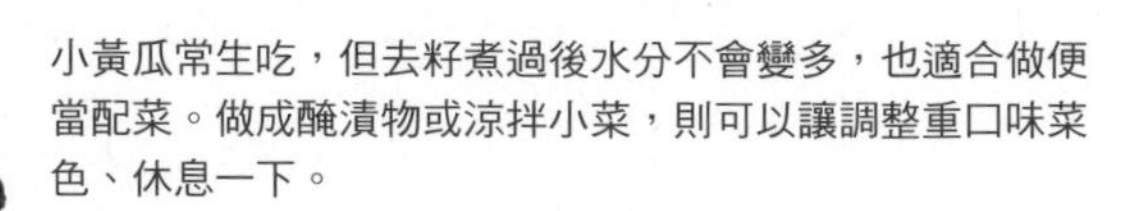

小黃瓜常生吃，但去籽煮過後水分不會變多，也適合做便當配菜。做成醃漬物或涼拌小菜，則可以讓調整重口味菜色、休息一下。

甜

醃漬

◉一人份 9kcal ◷烹調時間 3分鐘

※不含醃漬時間

溫潤的鹽麴，跟小黃瓜非常相合的美味

鹽麴漬黃瓜

材料（兩人份）

小黃瓜……1/2根
鹽麴……1/2小匙

做法

1 用刨刀**將小黃瓜間隔去皮後**，縱切成兩半，去籽再切成三等分（如果小黃瓜較寬，再縱切成四分之一）。

2 在碗內加入步驟**1**和鹽麴混合，放入冰箱冷藏15分鐘以上，醃漬入味。

搭配組合範例

主菜
＋(酸)(黃) 柚香涮肉 ⇒P57

配菜②
＋(鹹)(茶) 豆瓣醬煮竹輪 ⇒P114

烹調小祕訣

用刨刀間隔去皮，可以讓小黃瓜更快入味。這個步驟也能同時去掉小黃瓜的澀味，變得更好吃。

鹹

醃漬

◉一人份 4kcal ◷烹調時間 3分鐘

※不含醃漬時間

加入特殊香氣蔬菜，讓味道更豐富

涼拌薑絲黃瓜

材料（兩人份）

小黃瓜……1/2根
生薑（切片）……1片
生紫蘇葉……1片
鹽……少許

做法

1 用刨刀將小黃瓜間隔去皮後，切滾刀塊；生薑和生紫蘇葉切絲。

2 **所有食材放入碗中混合**，放入冰箱冷藏約15分鐘以上，醃漬入味即可。

搭配組合範例

主菜
＋(甜)(茶) 西京味噌燒鮭魚 ⇒P68

配菜②
＋(酸)(紅) 柚子醋炒紅椒 ⇒P85

烹調小祕訣

使用保鮮袋也很方便。材料放入保鮮袋中輕輕搓揉，將空氣擠出後密封，更能讓整體醃漬入味。

Q 為什麼要把小黃瓜間隔去皮？

A 一來是讓醃醬能更容易入味，二來是不需要用花式切法就很好看。尤其是切成大塊烹調時，很推薦把小黃瓜間隔去皮。

Q 有沒有短時間入味的方法？

A 小黃瓜不削皮就很難入味，將皮削掉，在砧板上反覆搓揉、輕輕敲打、去籽，這些方法都能更縮短一點時間。

清爽口感用來換換嘴巴裡的味道剛剛好

梅肉涼拌小黃瓜

酸

材料（兩人份）

- 小黃瓜……1/2根
- 鹽……1小撮
- A【梅肉適量（約1小匙）、柴魚片1/2包（約2克）】

做法

1. 用刨刀將小黃瓜間隔去皮後，切成約0.3公分的薄片。撒上鹽後放置3～4分鐘，再**用紙巾包起輕壓吸收水分**。
2. **在碗中放入步驟1和A拌勻**。

搭配組合範例

主菜
+（甜）（茶）薑燒牛肉 ⇒P61

配菜②
+（鹹）（白）鱈魚子炒蘿蔔絲 ⇒P118

烹調小祕訣

加少許柴魚片就能讓味道更順口。撒上鹽靜置一段時間後，吸乾水分這步驟非常重要。

◉一人份 8kcal　◷烹調時間 5分鐘

豆瓣醬的微辣會讓人上癮

中式涼拌黃瓜

材料（容易製作的分量）

- 小黃瓜……1根
- 芝麻油……2小匙
- 柚子醋醬油……2小匙
- 豆瓣醬……少許

做法

1. 用刨刀將小黃瓜間隔去皮後，縱切成兩半，去籽再切成三等分（如果小黃瓜較寬，再縱切成四分之一）
2. 全部食材放進保鮮袋中輕輕按壓，放入冰箱冷藏15分鐘以上，醃漬入味。

搭配組合範例

主菜
+（鹹）（白）酥炸鯖魚 ⇒P74

配菜②
+（甜）（紫）芝麻味噌炒茄子 ⇒P88

保存 point

豆瓣醬中加了殺菌效果很好的辣椒，不僅能享受微辣口感，還能增加保存性，非常推薦用豆瓣醬調味。

冷藏 5日　冷凍 3週

菇類

香菇、杏鮑菇、鴻喜菇、舞菇等菇類，飽含美味。用煮的、炒的、醋漬等方法做出來的配菜，不僅口感好，也是便當裡的一個亮點。

●一人份 27kcal ◷烹調時間 10分鐘

劃出十字痕，讓香菇好看易入味

燉煮香菇

材料（三人份）

生香菇……6朵
早煮昆布‥1片（5公分方形）
A【味醂1大匙、醬油1小匙、鹽1/4小匙】
水……100毫升

做法

1 用料理剪刀將昆布剪成1公分正方形，和水一起放入鍋中。
2 去除香菇蒂頭之後，**在表面劃出十字紋**。
3 將步驟**2**和**A**加入步驟**1**的鍋中，用大火加熱，沸騰後轉小火蓋上鍋蓋，煮到完全收汁。

搭配組合範例

主菜
+(鹹)(紅) 鮭魚碎肉 ⇒P69

配菜②
+(酸)(黃) 紅紫蘇香煎南瓜 ⇒P95

烹調小祕訣

在香菇表面劃出十字紋，不僅賞心悅目，也更容易煮熟、入味。

●一人份 54kcal ◷烹調時間 5分鐘

用起司粉讓味道更有層次也增添香氣

起司炒杏鮑菇

材料（兩～三人份）

杏鮑菇……2朵
起司粉……2小匙
鹽・胡椒……各少許
橄欖油……2小匙

做法

1 將杏鮑菇切成容易入口的大小。
2 橄欖油倒入平底鍋中預熱，放入步驟**1**用中火翻炒。
3 杏鮑菇炒到上色後，加鹽和胡椒調味，最後撒上起司粉，**煮到起司粉有微焦的顏色**。

搭配組合範例

主菜
+(酸)(紅) 梅香蒸雞 ⇒P65

配菜②
+(甜)(綠) 涼拌芝麻小松菜 ⇒P102

烹調小祕訣

加入起司後慢慢翻炒到上色，外觀看起來更美味，也能散發出濃郁的香氣。

請問野上媽媽
菇類 Q&A

Q 請問哪種菇類適合做便當？

A 如果要直接炒建議用杏鮑菇，想用煮的推薦用整朵香菇；想做水果醋漬或肉捲料理，則推薦用金針菇、鴻喜菇或舞菇。

Q 請問冷藏，還是冷凍保存比較好？

A 蕈菇類容易腐敗不好保存，比起放在冰箱蔬果室冷藏，更建議直接冷凍。尤其是香菇，冷凍保存的話味道也會變濃。

使用果香濃厚的蘋果醋

果醋漬百菇

◉一人份 69kcal ⏱烹調時間 8分鐘

材料（兩人份）

- 香菇……2個
- 杏鮑菇……1個
- 大蒜……1/4瓣
- 紅辣椒……1支
- A【蘋果醋2大匙、橄欖油1/2大匙、鹽1/4小匙】
- 橄欖油……1/2大匙
- 香芹（切末）……少許

做法

1. 去除香菇蒂頭，香菇和杏鮑菇皆切成容易入口的大小。大蒜打成泥，紅辣椒去籽。
2. 橄欖油倒入平底鍋中，放入大蒜、紅辣椒轉小火爆香，等香味出來後加入菇類，用中火翻炒到上色。
3. 在碗中將A混合後，趁熱加入步驟2，最後撒上香芹拌勻即可。

搭配組合範例

主菜
＋（鹹）（黃）印度烤雞腿肉 ⇒P62

配菜②
＋（甜）（紅）照燒紅椒 ⇒P84

集結了菇類美味的一道常備菜

醬油漬菇

◉全部分量 53kcal ⏱烹調時間 8分鐘
※不含冷卻時間

材料（容易製作的分量）

- 鴻喜菇……1包
- 舞菇……1/2包
- 高湯……50毫升
- 醬油……2大匙

做法

1. 將兩種菇類的蒂頭去除，用手分成容易入口的大小。
2. 高湯和醬油倒入鍋中，開中火加熱，沸騰後加入步驟1。
3. 等再次沸騰後關火，放置冷卻。

保存 point

可以把味道調濃一點下去煮，連湯汁一起保存。如果不怕吃辣，也可以加紅辣椒，增加保存性。

冷藏 4日　冷凍 3週

搭配組合範例

主菜
＋（甜）（紅）茄汁旗魚 ⇒P70

配菜②
＋（酸）（紫）和風醬燒茄子 ⇒P89

竹輪

便宜又有分量的竹輪，也非常適合做成便當配菜。切大塊用蒲燒、燉煮，或是做成炸物都是非常有飽足感的一道菜。

甜

炒

◉一人份 85kcal 烹調時間 5分鐘

鹹甜的滋味非常下飯！加入芝麻油更增添風味

蒲燒竹輪

材料（兩～三人份）

竹輪……2條
低筋麵粉……少許
味醂……1大匙
醬油……2大匙
芝麻油……1小匙
山椒……少許

做法

1 竹輪縱切剖半後，長度再對切成兩段，**均勻抹上低筋麵粉**。
2 芝麻油倒入平底鍋中加熱，放入步驟1用中火翻炒，炒到上色後加味醂、醬油拌炒，最後撒上山椒即完成。

搭配組合範例

主菜
＋ 酸 黃 日式柚燒鰤魚 ⇒P73

配菜②
＋ 鹹 綠 芥末醬油拌小松菜 ⇒P103

烹調小祕訣

先抹上低筋麵粉再料理，可以讓竹輪更容易跟醬汁混合。鹹鹹甜甜的蒲燒非常適合用清爽帶點微辣的山椒調味。

鹹

炒

◉一人份 51kcal 烹調時間 8分鐘

味噌風味的微辣醬料是整個便當的焦點

豆瓣醬煮竹輪

材料（兩～三人份）

竹輪……2條
味醂……2小匙
味噌……1小匙
豆瓣醬……1/2～1/3小匙
水……50毫升

做法

1 竹輪斜切成兩段。
2 所有食材放入鍋中，用中火**炒到完全收汁**。

搭配組合範例

主菜
＋ 酸 紅 涼拌牛肉 ⇒P61

配菜②
＋ 甜 綠 鹹甜青椒 ⇒P109

烹調小祕訣

所有食材放入鍋內後，要讓味噌和豆瓣醬確實溶解，這樣調味的醬料味道才會平均滲透到食物中。記得要煮到完全收汁。

請問野上媽媽

竹輪 Q&A

Q 用關東煮那種大的竹輪也可以嗎？

A 要看便當盒大小，如果能切成好裝的大小就OK。用厚竹輪做成磯邊炸或蒲燒竹輪，就能搖身一變成為豪華料理。

Q 可以把其他食材塞進竹輪中間嗎？

A 怕造成食物中毒，所以不建議在生竹輪中間塞食材當作便當配菜。如果要帶便當，一定要煮過再裝入比較安心。

把口感不同的食材搭配組合

柚子醋拌竹輪

酸

材料（兩～三人份）

竹輪……2條
小松菜……1株
柚子醋醬油……1/2大匙

做法

1 竹輪對切成兩段後再**切絲**；小松菜切成5公分長段。
2 步驟1汆燙後用篩網撈起，接著用紙巾包覆將水分吸乾。
3 將步驟2放入碗中，加入柚子醋拌勻即可。

搭配組合範例

主菜
＋(鹹)(黃) 咖哩嫩煎旗魚 ⇒P70

配菜②
＋(甜)(紅) 照燒紅椒 ⇒P84

烹調小祕訣

竹輪切絲時可以跟小松菜的寬度一致，這樣吃起來也會覺得比較順口。

◉一人份 35kcal ◷烹調時間 5分鐘
※不含入味時間

青海苔徹底入味，放涼吃也好吃

磯邊炸竹輪

鹹 常備菜

材料（容易製作的分量）

竹輪……4條
A【低筋麵粉1大匙、太白粉1大匙、青海苔粉1小匙】
水……2大匙
沙拉油……適量

做法

1 竹輪縱切剖半之後，再繼續對切成兩段。
2 在碗中把A混合均勻，讓步驟1平均裹上麵衣後，再加入2大匙水拌勻。
3 平底鍋內倒入深約1.5公分的沙拉油，等油溫升到約170度時，放入鍋中炸熟即可。

搭配組合範例

主菜
＋(酸)(紅) 梅香蒸雞 ⇒P65

配菜②
＋(甜)(紫) 芝麻味噌炒茄子 ⇒P88

保存 point

竹輪炸完要確實將油瀝乾。加熱時，建議用烤箱會比微波爐好。

冷藏 3日　冷凍 2週

◉全部分量 268kcal ◷烹調時間 10分鐘

水煮黃豆

黃豆富含大豆異黃酮，水煮或蒸過瀝乾湯汁，就可以先做起來備用。除了水煮黃豆之外，也可以用炒的或搗成泥，是活用度很高的食材。

甜

燉

◉一人份 64kcal ◷烹調時間 12分鐘

最基本又最簡單的和風料理

昆布煮黃豆

材料 （三～四人份）

黃豆（水煮/蒸過瀝乾湯汁）……100克
昆布………1片（10 x 5公分）
A【醬油1大匙、糖1.5小匙、味醂1小匙】
水……80毫升

做法

1 用料理剪刀將昆布剪成0.5公分寬的條狀，和水一起放進鍋中。
2 將黃豆和**A**加入步驟1，蓋上鍋蓋用大火加熱。沸騰後轉小火，蓋上鍋蓋**加熱到完全收汁**。

搭配組合範例

主菜
＋（酸）（黃）日式柚燒鰤魚 ⇒P73
配菜②
＋（鹹）（綠）鹽昆布拌青椒 ⇒P108

烹調小祕訣

昆布泡水之後會釋放出本身的鮮甜，用昆布作高湯底，和黃豆一起煮到湯汁完全收乾。

鹹

炒

◉一人份 63kcal ◷烹調時間 8分鐘

充滿大蒜及咖哩香的一道菜

咖哩炒黃豆

材料 （三～四人份）

黃豆（水煮/蒸過瀝乾湯汁）……100克
大蒜（蒜泥）……1/4瓣
咖哩粉……1/2小匙
酒……1小匙
鹽……少許
沙拉油……1小匙
香芹（切末）……少許

做法

1 在平底鍋中倒入沙拉油，同時**放大蒜用小火爆香**，等香味出來後加入咖哩粉翻炒。
2 放入黃豆用中火翻炒，再加入酒和鹽。炒到完全收汁，最後再撒上香芹即可。

搭配組合範例

主菜
＋（酸）（黃）鹽烤檸檬鮭魚 ⇒P69
配菜②
＋（甜）（綠）花生醬拌蘆筍 ⇒P106

烹調小祕訣

大蒜容易燒焦，在烹調時記得要用小火。另外，咖哩粉炒過之後會散發獨特香氣，所以要先炒過再加入黃豆。

請問野上媽媽

水煮黃豆 Q&A

Q 黃豆要先泡過才能煮嗎？

A 黃豆泡過才容易熟，煮前要先泡6到8小時，中間換水；或是不換水放冷藏泡一晚。建議事先煮好備用，要帶便當就很方便。

Q 請問剩下的黃豆要怎麼保存？

A 黃豆有剩下的話，建議冷凍保存會比冷藏保存更好。可以跟湯汁一起放入冷凍用容器，直接放入冷凍庫。

黃豆搭配烏醋的健康菜色！

烏醋煮黃豆

材料（三～四人份）

黃豆（水煮/蒸過瀝乾湯汁）……100克
生薑（切片）……2片
A【烏醋3大匙、糖1小匙、水2大匙】

做法

1 生薑切絲。
2 **在鍋內放入步驟1和A用大火加熱，煮到沸騰。**
3 放入黃豆再次煮滾，之後關火並放涼。

搭配組合範例

主菜
+ 鹹 綠 蒜苗炒鹹豬肉 ⇒P55

配菜②
+ 甜 黃 甜煮南瓜 ⇒P94

烹調小祕訣

先把烏醋煮滾。烏醋加熱後可以讓糖的甜味更快融入，也能降低酸味，讓口感變溫潤。

酸

●一人份 59kcal　烹調時間 5分鐘

可以塗在麵包上或跟汆燙青菜一起沾著吃

黃豆泥

材料（兩人份）

黃豆（水煮/蒸過瀝乾湯汁）……100克
生薑（切片）……2片
白芝麻醬……2大匙
檸檬汁……1/2顆
大蒜（蒜泥）……1小匙
橄欖油……1大匙
鹽……1小撮
胡椒……少許

做法

1 黃豆放在篩網上用水汆燙後，將水分完全瀝乾。
2 全部食材放入攪拌機中，攪拌到口感變得滑順。

搭配組合範例

主菜
+ 甜 紅 糖醋雞胸肉 ⇒P62

配菜②
+ 鹹 紫 香辣紫高麗菜 ⇒P86

保存 point

檸檬汁和醋一樣有殺菌效果，用半個檸檬來增加保存性！

冷藏 3日　冷凍 3週

酸　常備菜

●全部分量 479kcal　烹調時間 5分鐘

燉　涼拌

乾蘿蔔絲

把乾蘿蔔絲放在水裡泡發後，就能直接使用。除了煮的、炒的，也可以做成沙拉或醃漬小菜等等，不僅好保存，還能嘗到各種不同的口感。

燉

◉一人份 71kcal ◷烹調時間 15分鐘

※不含泡發時間

將美味集合在一起的招牌配菜

什錦煮

材料 （兩～三人份）

乾蘿蔔絲（未泡發）……10克
胡蘿蔔……5公分圓段
香菇……2朵
水……150毫升
A【味醂1大匙、糖1小匙、醬油2大匙】

搭配組合範例

主菜
＋ 酸 茶 日式柚燒鰤魚 ⇒P73

配菜②
＋ 鹹 綠 鹽昆布拌青椒 ⇒P108

做法

1 用清水洗淨乾蘿蔔絲，再用溫水搓洗，放入加水（未列入食材）的鍋內，浸泡10分鐘後瀝乾。胡蘿蔔切成條狀，香菇去除蒂頭後切片。
2 乾蘿蔔絲再次放入鍋中，加上胡蘿蔔、香菇和水後蓋上鍋蓋，用中火加熱。
3 煮滾後依序將**A**加入，再次煮到沸騰蓋上鍋蓋，繼續加熱約10分鐘後關火，不掀蓋放涼。

炒

◉一人份 66kcal ◷烹調時間 5分鐘

※不含泡發時間

提升粒粒分明的口感！

鱈魚子炒蘿蔔絲

材料 （兩～三人份）

乾蘿蔔絲（未泡發）……10克
A【鱈魚子1/2條、酒1大匙】
醬油……1/2小匙
芝麻油……1小匙
青蔥……1支

搭配組合範例

主菜
＋ 酸 茶 芥末籽炒牛肉 ⇒P59

配菜②
＋ 甜 黃 醬燒奶油炒玉米 ⇒P96

做法

1 用清水洗淨乾蘿蔔絲，再用溫水搓洗，放入加水（未列入食材）的鍋內，浸泡10分鐘後瀝乾。用刀縱向切開**A**的鱈魚子，去除外層薄皮、取出魚卵；青蔥切成蔥花。
2 芝麻油倒入平底鍋中預熱，放進乾蘿蔔絲用中火翻炒。
3 等乾蘿蔔絲吸收油脂，加入混合好的**A**拌炒，最後用醬油調味、撒上蔥花。

請問野上媽媽

乾蘿蔔絲 Q&A

Q 請問搓洗時可以用冷水嗎？

A 用冷水搓洗也OK，但是用溫水可以大大縮短泡發時間。記得搓洗前一定要先用清水把乾蘿蔔絲洗乾淨再開始煮。

Q 請問泡發之後還可以保存嗎？

A 要把乾蘿蔔絲這類乾貨泡發，手續比較繁瑣，建議可以一次泡發一整袋瀝乾，放入冷凍庫保存。

用胡椒粉和醋勾起食慾

芝麻拌蘿蔔絲

酸

材料（兩～三人份）

乾蘿蔔絲（未泡發）……10克
小黃瓜……1/3根
鹽……少許
A【黑芝麻粉1/2大匙、糖1小匙、醋1/2大匙】

做法

1 用清水洗淨乾蘿蔔絲，再用溫水搓洗，放入加水（未列入食材）的鍋內，浸泡10分鐘後瀝乾。小黃瓜切絲靜置5分鐘，接著將水分瀝乾。
2 在碗中將A均勻混合後，加入步驟1拌勻即可。

搭配組合範例

主菜
+ 鹹 茶 磯邊炸雞 ⇒P64

配菜②
+ 甜 黃 甜煮地瓜 ⇒P93

◉一人份 38kcal　◷烹調時間 5分鐘
※不含泡發時間

口感清脆的蘿蔔絲泡菜

醃漬蘿蔔乾

材料（容易製作的分量）

乾蘿蔔絲（未泡發）……20克
生薑（切片）……2片
紅辣椒……1根
A【昆布1片（5公分方形）、醋2大匙、糖1小匙、醬油1小匙、水1大匙】

做法

1 用清水洗淨乾蘿蔔絲，再用溫水搓洗，放入加水（未列入食材）的鍋內，浸泡10分鐘後瀝乾。生薑切絲，紅辣椒去籽後切片。
2 用料理剪刀將昆布剪成絲狀。A加入鍋內開大火加熱，沸騰後關火放涼。
3 將步驟1和步驟2裝入保存容器，放入冰箱冷藏一晚。

冷藏 1週　冷凍 3週

搭配組合範例

主菜
+ 鹹 黃 味噌水煮蛋福袋 ⇒P76

配菜②
+ 甜 紅 味噌胡蘿蔔條 ⇒P82

白花椰菜

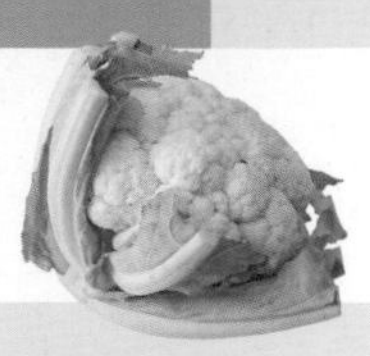

白花椰菜和綠花椰菜都有豐富的維他命C，將花椰菜切成小朵汆燙、用炒的，或是做成涼拌小菜、泡菜等醃漬物，都很美味！

甜

涼拌

◉一人份 32kcal ◷烹調時間 5分鐘

和風調味也很美味

柴魚片拌花椰菜

材料 （兩人份）

白花椰菜……4小朵（約80克）

A【鹽1/3小匙、熱水200毫升】

B【柴魚片1/2包（約2克）、醬油2小匙、糖2小匙】

做法

1 將白花椰菜切成容易入口的大小，放入**A**中汆燙**用篩網撈起，瀝乾並放涼**。

2 在碗中將**B**均勻混合後，再加入步驟**1**拌勻。

搭配組合範例

主菜
+鹹 茶 蔬菜烤肉捲 ⇒P58

配菜②
+酸 辣 醋醬油拌秋葵 ⇒P105

烹調小祕訣

如果沒有瀝乾就先放涼，花椰菜會變得水水的。不要把花椰菜燙得太軟，用篩網撈起後直接放涼。

鹹

烤

◉一人份 58kcal ◷烹調時間 5分鐘

起司的香濃和香草的香氣交織

起司烤花椰菜

材料 （兩人份）

白花椰菜……4小朵（約80克）

水……1大匙

鹽・胡椒……各少許

A【起司粉2小匙、羅勒粉少許】

橄欖油……2小匙

做法

1 白花椰菜切成容易入口的大小。

2 橄欖油倒入平底鍋中預熱，放入步驟**1**用中火烘烤，等上色後加水、**蓋上蓋子燜30秒**。

3 打開鍋蓋轉大火將水分收乾，撒上鹽、胡椒調味。最後加入**A**，翻炒到完全熟透。

搭配組合範例

主菜
+酸 茶 柚子醋拌豆腐 ⇒P77

配菜②
+甜 綠 花生醬拌蘆筍 ⇒P106

烹調小祕訣

在烘烤時，鍋內的水蒸氣能讓花椰菜中心熟透，最後轉成大火煮到收汁即可。

請問野上媽媽

白花椰菜 Q&A

Q 請問汆燙時一定要加醋嗎？

A 如果想讓花椰菜汆燙後變白，就把醋進熱水汆燙。如果是做咖哩風味料理或涼拌料理，用鹽水汆燙即可。

Q 涼拌時，用什麼調味料比較好？

A 像是日式美乃滋、黃芥末和甜醋醬等帶酸味的調味料就很適合。白花椰菜本身沒有苦味或澀味，用芝麻或柴魚片涼拌都很推薦。

讓開胃酸香的料理成為便當重點！

咖哩風味醃花椰菜

●一人份 44kcal ◷烹調時間 8分鐘

※不含醃漬時間

材料（兩人份）

白花椰菜····4小朵（約80克）

A【水50毫升、醋50毫升、糖1小匙、橄欖油1小匙、咖哩粉1/2小匙、鹽少許】

B【鹽1/3小匙、熱水200毫升】

做法

1 A放入保存容器中，均勻攪拌。

2 花椰菜切成容易入口的大小，用B汆燙後撈起，趁熱瀝乾。

3 **趁熱將煮好的花椰菜放入步驟1醃漬，放進冰箱冷藏一晚入味。**在這期間，要把醃漬容器上下翻轉一次。

搭配組合範例

主菜 +(甜)(茶) 番茄糖醋油豆腐 ⇒P76

配菜② +(鹹)(紅) 高湯煮紅椒 ⇒P84

烹調小祕訣

白花椰菜汆燙後，趁熱時放入醃醬，就能更快入味。最後別忘記將水分瀝乾。

用微波爐加熱白花椰菜，做起來迅速又簡單

醃漬花椰菜

●全部分量 49kcal ◷烹調時間 8分鐘

※不含醃漬時間

材料（容易製作的分量）

白花椰菜··5小朵（約100克）

鹽··························· 1/4小匙

A【醋2大匙、水2大匙、糖1小匙、大蒜1/2瓣、月桂葉1片、黑胡椒粒4～5粒】

做法

1 白花椰菜切成容易入口的大小後，放入耐熱盤中蓋上保鮮膜，用微波爐加熱1分30秒。

2 把步驟1放入保存容器中，均勻撒上鹽。

3 在鍋中放入A，大火煮滾後關火。趁熱時倒入步驟2，放置冷卻即可。

搭配組合範例

主菜 +(甜)(茶) 蠔油炒肉片 ⇒P56

配菜② +(鹹)(紫) 香辣紫高麗菜 ⇒P86

保存 point

醃漬可說是保存食品的最佳方法。想大量製作的話，記得先將保存容器煮沸並消毒乾淨。

冷藏 1週　冷凍 3週

大頭菜

大頭菜很容易煮熟，適合短時間烹煮。可以用在炒、煎等各種料理中，做成醃漬物也可以當成解膩小菜。

甜

燉

◉一人份 81kcal ⏱烹調時間 10分鐘

大頭菜吸收了雞絞肉的美味之後非常好吃

雞絞肉煮大頭菜

材料（兩～三人份）

大頭菜………1顆（約150克）
雞絞肉…………………………30克
生薑（切片）………………2片
水…………………………80毫升
味醂…………………………1大匙
酒…………………………1/2大匙
醬油…………………………1大匙
A【太白粉1小匙、水2小匙】

做法

1 切掉大頭菜的葉子、削皮，切成月牙狀；生薑切末。
2 大頭菜、水和味醂放入鍋中，用大火烹煮，大頭菜煮熟後先取出。
3 在步驟**2**的鍋中放入雞絞肉、生薑和酒，用中火加熱。等豬絞肉變色，再將大頭菜放回鍋中，加醬油煮滾。接著緩緩倒入混合均勻的**A**，加熱1分鐘煮到沸騰、呈濃稠狀。

搭配組合範例

主菜
+（酸）（茶）烏醋燒鯖魚 ⇒P75

配菜②
+（鹹）（綠）芥末醬油拌小松菜 ⇒P103

鹹

炒

◉一人份 34kcal ⏱烹調時間 5分鐘

只要簡單快炒，撒上鹽和胡椒就完成

鹽燒大頭菜

材料（兩～三人份）

大頭菜………1顆（約150克）
鹽・胡椒…………………各少許
橄欖油……………………1小匙

做法

1 **切掉大頭菜的葉子、留下一小段**，削皮後切成月牙狀。
2 橄欖油倒入平底鍋中預熱，放入步驟**1**用中火翻炒。炒到上色後，撒上鹽和胡椒調味即可。

搭配組合範例

主菜
+（酸）（茶）旗魚南蠻漬 ⇒P71

配菜②
+（甜）（紅）味噌胡蘿蔔條 ⇒P82

烹調小祕訣

大頭菜留下一點葉子，可以讓整體配色更好看。大頭菜的葉子含有維他命等營養，一起食用也沒問題。

Q 大頭菜葉可以用在什麼料理？

A 我都會把大頭菜葉集合起來用鹽水汆燙，冷凍保存；可以當成炒小魚乾的調味料，也可以當成熬煮高湯的食材。

Q 請問大頭菜的皮要削掉嗎？

A 通常大頭菜越大顆，皮會越硬。大顆的建議把皮削掉，口感會比較好；小顆的不用削皮也沒關係。

大蒜醬油和檸檬調出清爽口味

檸檬炒大頭菜

材料（兩～三人份）

- 大頭菜………1顆（約150克）
- 檸檬（切片）…………2～3片
- 大蒜…………1/4瓣
- 醬油…………1小匙
- 胡椒…………少許
- 橄欖油…………1小匙

做法

1. 切掉大頭菜大部分的葉子、留下一小段，削皮後切成月牙狀。大蒜切片。
2. 將橄欖油、大蒜、**檸檬放入平底鍋中，用小火爆香**，等香味出來後加入大頭菜，轉中火炒到上色後，加醬油和胡椒快炒。

主菜
＋（鹹）（茶）辣炒牛肉 ⇒P60

配菜②
＋（甜）（紫）涼拌紫高麗菜 ⇒P86

烹調小祕訣

不用特地榨檸檬汁，只要放檸檬片一起拌炒，就會有果香。不是大量製作的話，建議加檸檬片一起煮。

◉一人份 42kcal ◷烹調時間 5分鐘

散發昆布鮮味與柚子香氣的清爽料理

柚子大頭菜甘醋漬

材料（容易製作的分量）

- 大頭菜………1顆（約150克）
- 香橙…………1/2個
- 鹽…………1小撮
- A【糖2小匙、醋2大匙、昆布1片（5公分方形）】

做法

1. 切掉大頭菜的葉子、削皮，縱切成兩半再切片。抹上鹽後靜置5分鐘，接著把水分瀝乾。
2. 香橙榨汁，削下橙皮1/4黃色部分切絲。
3. 將步驟1、步驟2、A放入保鮮袋輕輕按壓，放入冰箱靜置30分以上，醃漬入味。

保存 point

確實將大頭菜水分瀝乾，可以提高保久度，調味醬汁也更容易入味。

4日　冷凍 3週

搭配組合範例

主菜
＋（甜）（茶）鹽麴烤雞 ⇒P64

配菜②
＋（鹹）（紫）魚香茄子 ⇒P88

◉全部分量 70kcal ◷烹調時間 8分鐘
※不含醃漬時間

馬鈴薯、芋頭

香軟的馬鈴薯和綿密的芋頭都是很有分量感的食材，吃起來飽足感滿分。除了用煮的，也推薦做成沙拉或油炸食物，好吃到讓你一口接一口。

甜

燉

◉一人份 193kcal ◷烹調時間 10分鐘

蜂蜜提升甜味，芝麻油豐富口味層次

鹹甜馬鈴薯

材料（兩～三人份）

馬鈴薯……小的3顆
A【水100毫升、味醂1大匙、蜂蜜1小匙、醬油1.5大匙】
芝麻油……2小匙

做法

1 馬鈴薯去皮，切成一口大小。
2 芝麻油倒入平底鍋加熱，**放入步驟1後用中火翻炒**。等食材裹上油後，依序將**A**加入。
3 湯汁煮滾後轉小火，蓋上鍋蓋，加熱到完全收汁。

搭配組合範例

主菜
+ 酸 茶 烏醋燒鯖魚 ⇒P75

配菜②
+ 鹹 綠 鹽昆布拌青椒 ⇒P108

烹調小祕訣

先將馬鈴薯用油炒過再煮，可以避免馬鈴薯在煮的過程中散掉。開始煮之後，中途攪拌也可能會打散馬鈴薯，需要小心注意。

鹹

燉

◉一人份 95kcal ◷烹調時間 10分鐘

濕滑綿密的芋頭加上味噌風味，令人食指大動

燒煮味噌芋頭

材料（兩～三人份）

芋頭……小的4顆
鹽……少許
A【酒1大匙、味噌少於1大匙、水100毫升】

做法

1 芋頭去皮，切成容易入口的大小。**撒上鹽稍微搓揉後，用水洗淨**、瀝乾。
2 把步驟**1**和**A**加入鍋內，用中火加熱。沸騰後轉小火，蓋上鍋蓋，煮到完全收汁。

搭配組合範例

主菜
+ 酸 茶 日式柚燒鰤魚 ⇒P73

配菜②
+ 甜 綠 涼拌芝麻小松菜 ⇒P102

烹調小祕訣

將芋頭撒鹽搓揉後用水洗淨，可以去除芋頭表面上的黏液。雖然多一道手續，不過會讓芋頭更好入味。

請問野上媽媽

馬鈴薯、芋頭 Q&A

Q 請問要把馬鈴薯泡在水中嗎？

A 馬鈴薯泡水是為了防止切塊後，馬鈴薯的切面會變色，除此之外，也會讓口感更清脆。

Q 請問可以不洗芋頭直接油炸嗎？

A 切過之後要暫放一段時間的話，建議先用鹽搓揉並用水洗淨。如果要直接油炸，有沒有用水沖洗，味道和口感不會有太大差別。

用芥末籽醬增添微微的酸味

馬鈴薯沙拉

涼拌

材料（兩～三人份）

- 馬鈴薯……小的3顆
- 胡蘿蔔……1/4根
- 鹽……1小撮
- 芥末籽醬……1小匙
- 美乃滋……1大匙
- 香芹（切末）……少許

做法

1. 馬鈴薯去皮後切丁；胡蘿蔔切片。將這兩樣蔬菜放入耐熱盤，蓋上保鮮膜，用微波爐加熱3～4分鐘。
2. 當步驟1變軟後，用壓泥器壓成泥，撒上鹽拌勻、放涼。
3. 將芥末籽醬和美乃滋加入步驟2均勻攪拌，最後撒上香芹即可。

搭配組合範例

主菜
+ 甜 茶 牛蒡炒牛肉 ⇒P59

配菜②
+ 鹹 綠 清炒花椰菜 ⇒P100

酸

◉一人份 169kcal 🕒烹調時間 8分鐘

可以直接品嘗到芋頭本身的美味

炸芋頭

炸

材料（容易製作的分量）

- 芋頭……小的4顆
- 鹽・胡椒……各少許
- 沙拉油……適量

做法

1. 芋頭去皮後切成容易入口的大小，用紙巾將表面的水分擦乾。
2. 平底鍋內倒入深約1.5公分的沙拉油，等油溫升到約150度時，放入步驟1酥炸到熟透。均勻上色後取出芋頭，將油瀝乾，趁熱時撒上鹽和胡椒即可。

保存 point

芋頭炸過之後要將油確實瀝乾。趁熱撒上鹽，會更容易入味。

冷藏 3日　冷凍 不可

搭配組合範例

主菜
+ 酸 紅 鹽烤檸檬鮭魚 ⇒P69

配菜②
+ 甜 紫 芝麻味噌炒茄子 ⇒P88

鹹　常備菜

◉全部分量 242kcal 🕒烹調時間 8分鐘

做便當前要準備的工具②

備齊了鍋子和平底鍋等大型烹調工具後，
也來準備量食材和調味料的測量工具、
拌炒時的攪拌工具、裝便當的擺盤工具吧！

矽膠鍋鏟（大）

耐熱性高的矽膠製品很方便

可用來熱炒、攪拌、擺盤的湯匙狀鍋鏟。有洞的鍋鏟能在盛盤時瀝掉多餘湯汁。

矽膠鍋鏟（小）

混合或舀起醬汁時，
就用它

要把醬汁塗上魚或肉時非常方便。如果是湯匙狀的鍋鏟，還能伸進窄口的瓶子裡舀出調味料。

長筷

筷尖細、握柄長，
讓擺盤更輕鬆！

讓擺盤更好看的筷子。前端比一般筷子細，在裝填便當狹窄的空間或空隙時可以派上用場。

量杯

測量烹調時分量較多的
液體材料

主要用來測量液體材料，例如水、高湯或調味料等。基本上1杯＝200毫升，也可以用來測量粉狀食材。

打蛋器

在碗中混合調味料時
很方便

可以在製作調味料、醬汁、沾醬，或混合少量食材時使用；用來打散食材也非常方便。對於愛做點心的人更是必備工具。

量匙

沒有整組套在一起的
量匙比較方便使用

主要用來測量調味料。基本上1大匙＝15毫升，1小匙＝5毫升，也有單位更小的量匙。

點心紙模

如果是矽膠材質就能
重複利用，非常環保

不讓配菜影響到飯或其他配菜時用來隔離的容器。有鋁箔、紙、矽膠等材質的點心紙模，色彩和形狀非常多樣化。

Part 4

蛋料理、醬滷、味噌醬菜 等

填空料理

今天加點菜

本章會介紹可以事先做好、或是適合用來填滿便當的
各種蛋料理、醬滷及味噌醬菜等。
想填滿便當、或增加菜色，都非常好用！

百變玉子燒

玉子燒是填空料理的不二人選！把食材和蛋液充分混合、一起捲起來，讓色香味產生絕妙的化學變化。

用罐頭就能簡單調理！也可以用蒲燒沙丁魚替代

蒲燒秋刀魚玉子燒

◉熱量 315kcal ◷烹調時間 5分鐘

材料 （兩人份）

A【蛋2顆、味醂1小匙】

蒲燒秋刀魚罐頭……1/2罐

沙拉油……1小匙

作法

1. 將**A**放入碗中拌勻，**用紙巾將蒲燒秋刀魚擦乾**。
2. 沙拉油倒入玉子燒鍋並用大火加熱，把一半的**A**倒入鍋內，將蒲燒秋刀魚全部加入鍋內，等蛋呈9分熟時，從上往下慢慢捲起。
3. 將剩下的**A**也倒入鍋內，並慢慢推壓定型到完全煎熟為止。

烹調小祕訣

記得要先用紙巾把蒲燒秋刀魚的湯汁擦乾，沒擦乾會讓便當變得湯湯水水，也會導致帶便當時有湯汁滲出。

冷藏 2日　冷凍 不可

甘甜的玉子燒與海苔非常對味

海苔玉子燒

材料 （兩人份）

A【蛋2顆、味醂1/2小匙、糖1/2小匙、鹽1小撮】

壽司海苔……1/2片

沙拉油……1小匙

作法

1. 將**A**放入碗中拌勻；**海苔片對半橫切**。
2. 沙拉油倒入玉子燒鍋並用大火加熱，將一半的**A**倒入鍋內，放上一片海苔，等蛋呈9分熟時，從上往下慢慢捲起。
3. 將剩下的**A**也倒入鍋內，跟步驟**2**一樣放上海苔慢慢捲起，最後推壓定型到完全熟透。

烹調小祕訣

玉子燒鍋有多種尺寸以及大小，在橫切海苔時要注意配合鍋子的尺寸。

◉熱量 215kcal ◷烹調時間 5分鐘

冷藏 2日　冷凍 不可

不會太甜的玉子燒，讓蔥花和魩仔魚口感提升

蔥花魩仔魚玉子燒

◉熱量 215kcal　◷烹調時間 5分鐘

材料　（兩人份）

A【蛋2顆、酒1小匙、鹽少許】
魩仔魚乾……2大匙
青蔥……1支
沙拉油……1小匙

作法

1 將**A**放入碗中拌勻，青蔥切碎。
2 沙拉油倒入玉子燒鍋並用大火預熱，**魩仔魚跟青蔥入鍋輕炒**。之後將一半的**A**倒入鍋中，等蛋呈9分熟時，從上往下慢慢捲起。
3 將剩下的**A**也倒入鍋內，慢慢推壓定型到完全熟透。

烹調小祕訣
不要把魩仔魚跟青蔥直接和蛋液混在一起，要先稍微炒過才能提升香氣！

冷藏 2日　冷凍 不可

清爽的生紫蘇風味！柴魚片提升風味

紫蘇玉子燒

材料　（兩人份）

A【蛋2顆、酒1小匙、鹽1/5匙、柴魚片1/2包（約2克）】
生紫蘇葉……4片
沙拉油……1小匙

作法

1 **將A放入碗中拌勻。**
2 沙拉油倒入玉子燒鍋並用大火預熱，將一半的**A**倒入鍋內，放2片生紫蘇葉在蛋液上，等蛋呈9分熟時，從上往下慢慢捲起。
3 將剩下的**A**也倒入鍋內，同步驟**2**放上生紫蘇葉，慢慢推壓定型到完全熟透。

烹調小祕訣
將蛋液分兩次入鍋，用筷子稍微攪拌，在9分熟時開始捲的話，玉子燒就會非常柔軟。

◉熱量 205kcal　◷烹調時間 5分鐘

冷藏 2日　冷凍 不可

其他蛋料理

小尺寸的鵪鶉蛋、蛋捲及蛋球等，非常適合用來填補便當空隙。鵪鶉蛋很好保存，可以事先做好備用。

用昆布和生薑一起醃漬出好味道

醬醃鵪鶉蛋

◉熱量 260kcal ◷烹調時間 5分鐘

※不含醃漬時間

材料（適合製作的分量）

鵪鶉蛋（水煮）……………………10顆

A【昆布1片（10X5公分）、生薑（切片）2片、醬油2大匙、味醂1小匙、水2大匙】

作法

1 鵪鶉蛋用熱水燙過，用篩網撈起瀝乾。

2 將**A**放入耐熱的容器裡，用微波爐加熱1分鐘後加入步驟**1**，並放涼。

3 冷卻後裝入密封袋並擠出空氣平放，放入冰箱冷藏一晚醃漬入味。**過程中上下翻動約2次**。

烹調小祕訣

將鵪鶉蛋與滷汁一起裝入密封袋，可以讓鵪鶉蛋從裡到外徹底吸收滷汁。醃漬中記得上下翻動2次。

冷藏 5日　冷凍 不可

蛋和酸味非常對味！吃一次就會上癮的美味

糖醋醃鵪鶉蛋

材料（適合製作的分量）

鵪鶉蛋（水煮）……………………10顆

A【大蒜1/2瓣、黑胡椒粒4～5顆、醋2大匙、糖1大匙、水2大匙、月桂葉1片】

作法

1 鵪鶉蛋用熱水燙過，用篩網撈起瀝乾。

2 **將A放入耐熱的容器裡**，用微波爐加熱1分鐘後加入步驟**1**，並放涼。

3 冷卻後裝入保存容器中，放入冰箱冷藏一晚醃漬入味。

烹調小祕訣

黑胡椒粒和月桂葉可以提升保存期限及風味，也可以隨個人喜好加辣椒、丁香等辛香料或香草。

◉熱量 231kcal ◷烹調時間 5分鐘

※不含醃漬時間

冷藏 5日　冷凍 不可

用鮮艷時蔬點綴便當

時蔬歐姆蛋

鹹

◉熱量 311kcal　🕒烹調時間 8分鐘

材料 （兩人份）

A【蛋2顆、起司粉1小匙、鹽1/4小匙】

B【紅椒1/4個、青椒1/2個、培根1片】

橄欖油……2小匙

作法

1 將A放入碗中攪拌均勻，B食材切丁。

2 橄欖油倒入平底鍋並預熱，**加入B翻炒**。

3 等蔬菜炒熟後，讓A慢慢流入鍋中，蓋上鍋蓋讓鍋裡食材均勻混合。蛋煮到8分熟時，蓋回鍋蓋並用小火繼續煮1分半到2分鐘，等蛋的顏色呈橙黃色即可翻面，並蓋上鍋蓋繼續煮1分鐘，等兩面都呈橙黃色，切成容易入口的大小。

烹調小祕訣

用容易炒熟的蔬菜可以大幅縮短料理時間，考量色彩的鮮艷度，建議也可用玉米、蘆筍、櫛瓜等食材。

冷藏 2日　冷凍 不可

只需將蛋炒過、用保鮮膜包起來就完成

香嫩炒蛋球

甜

材料 （兩人份）

A【蛋2顆、味醂2小匙、鹽少許】

沙拉油……1小匙

作法

1 將A放入碗中拌勻。

2 沙拉油倒入平底鍋並用中火預熱，讓A慢慢流入鍋中，用筷子均勻混合炒熟。

3 炒熟後取出分成兩等分，**稍微放涼後用保鮮膜包成球型**，放置冷卻即完成。

烹調小祕訣

蛋可以趁熱調整形狀。先放涼到手拿不會燙傷的程度，並立即用保鮮膜包起來調整形狀吧！

◉熱量 217kcal　🕒烹調時間 5分鐘

冷藏 2日　冷凍 不可

醬滷

用糖和醬油燉煮，煮出微鹹又甘甜的醬滷口味，除了一般市面上販售的滷味之外，也推薦自製，適合長時間保存也非常下飯。

生薑的風味及辣味非常適合醬滷的鹹甜味

醬滷生薑

◉熱量 220kcal　◷烹調時間 15分鐘

材料 （適合製作的分量）

生薑……100克
味醂……3大匙
醬油……2大匙
糖……1大匙
水……150毫升

作法

1 生薑切成薄片。**汆燙3分鐘後用篩網撈起並瀝點水，之後用紙巾包起擦乾**。
2 全部材料放入鍋中，用中火煮到沸騰，蓋上鍋蓋轉小火持續煮沸到收汁。

烹調小祕訣

將煮過生薑的水倒掉，可以緩和生薑的辣味，之後再灑上水更容易入味。

冷藏 7日　凍 1個月

也可以當作拌飯的食材

醬滷蛤蜊山椒

材料 （適合製作的分量）

水煮蛤蜊罐頭……1罐
醬油醃漬山椒……1.5大匙
酒……1大匙
糖……1大匙
醬油……2/3大匙

作法

1 所有材料（**包含蛤蜊罐頭的湯汁**）全部倒入鍋中，用中火煮到收汁。

烹調小祕訣

蛤蜊罐頭的湯汁甜美，不要丟掉，整個罐頭都能拿來使用。也可以隨個人喜好加入生薑。

◉熱量 156kcal　◷烹調時間 10分鐘

冷藏 7日　冷凍 1個月

味噌配菜

味噌醬可以用在事前準備小菜的調味，也可以配白飯享用、或當作日式飯糰的餡料。此外還能當成蔬菜棒的沾醬、涼拌菜的調味料及炒菜醬料等等。

推薦塗在飯糰上拿去烤！

大葉味噌

◉熱量 430kcal　◷烹調時間 10分鐘

材料（適合製作的分量）

生紫蘇葉……10片
味噌……100克
糖……3大匙
味醂……3大匙

作法

1 生紫蘇葉切絲。
2 全部材料放入鍋中，**用小火加熱，拿木杓從底部攪拌**。煮到味噌開始沸騰、變色並有香味散發出來即完成。

烹調小祕訣

味噌容易煮焦，所以加熱時記得要用小火。過程中要注意底部有沒有焦掉，並不斷用木杓攪拌，直到開始變色。

冷藏 7日　冷凍 1個月

富含水分的茄子及甘甜的味噌一拍即合

茄子味噌

材料（適合製作的分量）

茄子……1條
A【味噌100克、糖3大匙、味醂3大匙】
芝麻油……2小匙

作法

1 茄子去蒂、切成2公分的塊狀後，泡水去除苦澀，用紙巾把多餘水分擦乾。
2 **芝麻油倒入鍋中預熱，把步驟1加入鍋中用中火翻炒，等茄子變軟後先關火。**
3 加入**A**並拌勻後開小火，拿木杓從底部攪拌。煮到味噌開始沸騰、變色並有香味溢出。

烹調小祕訣

為增加料理的香氣，建議用芝麻油炒。炒茄子時請炒出濕潤感。

◉熱量 515kcal　◷烹調時間 12分鐘

冷藏 7日　冷凍 1個月

白飯的配料

有各種不同類型的配料可以讓白飯更美味。在雪白的飯上加上一點黑色的黑芝麻或海苔絲，整體便當的色彩看起來會更協調。

黑芝麻

如果覺得填滿便當的白飯過於單調，可適量加入，會成為整個便當的焦點。

紅紫蘇香鬆

兼具顏色及香味，光是直接撒在飯上或是跟白飯拌勻，都能提升便當的鮮豔感。

紫蘇芝麻海帶芽

富含豐富的礦物質及膳食纖維的香鬆。和白飯拌在一起，做成飯糰也十分美味。

蔬菜香鬆

蔬菜的綠色，加上黑白兩色的炒芝麻來點綴便當，同時富含礦物質等營養。

柴魚片

富含海洋風味的香氣能挑起食慾，做為配料加上醬油或芝麻油也非常美味。

海苔片

和黑芝麻一樣可以作為便當整體的焦點，可和剛煮好的飯拌勻或撒在飯上。

解膩的市售小菜

水煮豆類溫和甘甜，醃漬物清脆可口，都能提升便當菜色的整體口感。要注意的是，不要讓水煮豆類的湯汁從便當中滲出。

大紅豆

蜜紅豆是日式便當裡不可或缺的配角。分成小袋冷凍保存非常方便。

黑豆

大豆的一種，特色是有極高的營養價值。滿推薦用在日常便當中。

甜豌豆

將乾燥過的青豌豆加水泡發，用糖熬煮而成。顏色溫和，能感受到豌豆的風味。

醃蘿蔔

如果能醃得十分入味，清脆的口感絕對讓人愛不釋口！稍微加一點就能增添色彩。

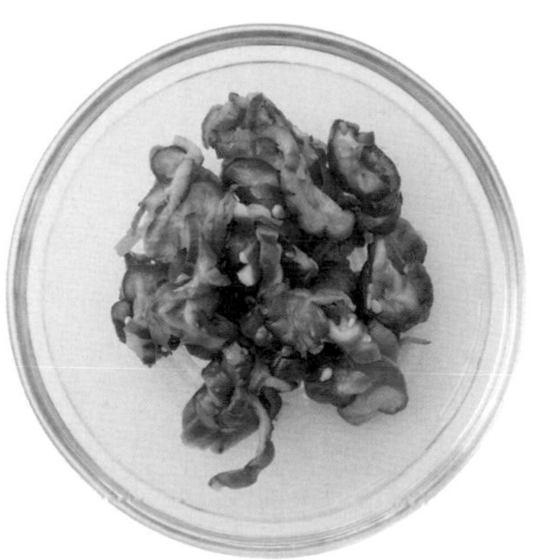

芝麻小黃瓜

小黃瓜醃漬物，清脆爽口的口感中，帶有一股芝麻及生薑的清香風味。

柴漬醬菜

最大特色就是有清爽的酸味。柔和的紫紅色非常適合融入到便當中。

蔬菜&水果乾

用黃綠色蔬菜來增加便當搭配的顏色吧！生紫蘇葉當作便當間隔看起來也相當活潑，再加上梅乾等水果乾類就更開胃了。

小番茄

圓滾滾的可愛小番茄，可以靈活用在增加便當配色上，平常準備起來會非常方便。

生紫蘇葉

不僅可以用來填空，還能當作配菜跟配菜之間的間隔，非常方便。

梅乾

富含維他命、礦物質及膳食纖維等，可以放入便當空隙中補充營養。

汆燙綠花椰菜

咀嚼起來口感很好，非常適合當作填空的蔬菜。要確實將水分瀝乾。

汆燙蘆筍

色彩亮眼，也不太會出水的綠蘆筍，是很好用的蔬菜。同樣也推薦胡蘿蔔和玉米。

汆燙白花椰菜

跟綠花椰菜一樣，咀嚼起來口感很好、有嚼勁。飽足感超高的蔬菜。

其他各式配菜

帶有鹹味的食材可以提升便當整體的味道。如果發現主菜和配菜搭起來味道偏淡，可以將下列食材加入便當中，馬上就能做出味覺上的層次。

玉筋魚釘煮

日本神戶的家常小菜，蘊含了豐富的鈣質和鐵質，外型如生鏽的釘子而得此名。

香菇昆布

香菇非常有彈性，咬下去會有幸福的滿足感。醬滷過的香菇和昆布非常下飯。

醃梅子

有殺菌、抗菌效果，只要放入一顆，便當就不容易壞。特別是夏天時非常推薦。

起司

味道和形狀的種類豐富，填空時非常方便。也有添加鐵等營養成分的起司。

毛豆

把冷凍的毛豆買回家備用會很方便。由於體積小，用流水沖過就能立刻解凍。

鹽昆布

非常耐保存，除了能配飯，還能和蔬菜拌在一起當作一道配菜。

column

外觀也非常漂亮！

各式各樣實用的便當盒

本專欄會介紹書中使用的各種便當盒，以及推薦的便當盒。
因為有各種不同的材質和形狀，大家可以比較看看，
幫全家人找到最適合的便當盒吧！

木製&竹製便當盒

日本人沒有加熱便當的習慣，無論大人小孩都是吃「冷便當」。天然素材做成的便當盒很透氣，就算放了一段時間，白飯還是很美味！

木製便當盒・橢圓形（白木）

木製便當的基本款，推薦給第一次買便當盒的人。每個便當盒的木料也有各自的特色，越用會越愛不釋手。

木製便當盒・橢圓形（塗漆）

塗漆有種優雅高級感。耐久性良好，好好保養可以用好幾十年也不是問題。塗漆有抗菌作用，不怕油也是一大魅力。

木製便當盒・圓形

可愛的圓形外觀，雙層設計推薦給想把飯跟配菜分開裝的人。如果只有一層設計的話，可以把飯糰當作主食來帶便當。

竹製便當盒・橢圓形

這類的便當盒是將竹子加熱並折彎做成橢圓形的。透氣性良好，輕又堅固。竹子的紋路和漂亮的顏色，能讓食材的美味更加分。

竹製便當盒・方形（雙層）

雙層設計對男性來說是很適合的容量；女性的話則可以裝入大量蔬菜。也可以依照個人的需求調整為一層使用。

・塑膠製便當盒・

塑膠製便當盒又輕又好帶，非常方便！可以用微波爐加熱、用洗碗機清洗的類型也很多。

塑膠製便當盒・紅（大）

外型吸睛又可愛的設計，總是讓女孩們愛不釋手。使用深色便當盒，就不怕盒身會被番茄醬或醬料染色造成不美觀了。

塑膠製便當盒・白（大）

簡單的設計，不論裝什麼料理都適合。如果蓋子有深度，則可以裝入三明治等有高度的菜色，帶出門形狀也不會散掉。

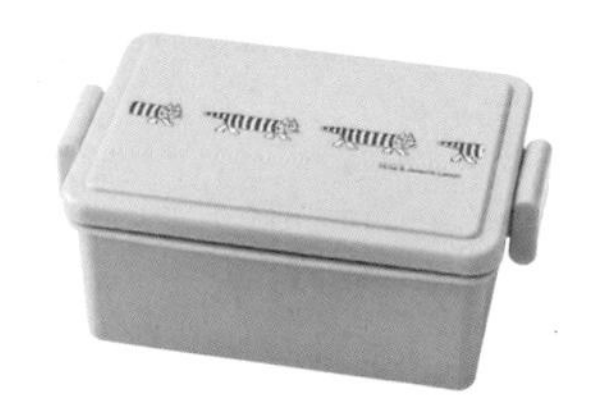

塑膠製便當盒・綠（小）

又輕又好帶，色彩的設計非常適合小朋友。夏天外出野餐要帶便當的話，建議可以選擇能在蓋子裡放入保冷劑的類型。

・不鏽鋼・鋁製便當盒製・

這類型便當盒不怕油汙或味道殘留。熱傳導非常好，因此用蒸飯箱或保溫箱加熱時，要小心燙傷。

不鏽鋼製便當盒・扣環式（大）

整個便當盒身呈簡單的橢圓形，彎曲角度大，清洗起來十分方便。蓋子上有固定的扣環，密封性非常好。

不鏽鋼製便當盒・密封圈設計（大）

四角較鈍的方形便當盒。需要花點工夫用綁帶套起，以免蓋子鬆掉。怕湯汁滲出的話，可以選擇附密封圈設計的款式。

不鏽鋼製便當盒（小）

對小朋友來說大小剛剛好，也可以和大的一起搭配使用。小的裝白飯，大的裝配菜等，大人也可以吃得很滿足。

鋁製（小）

想讓幼稚園小朋友帶便當、用蒸飯箱加熱的話，除了不鏽鋼，最推薦鋁製便當盒。熱傳導效能好，是方便加熱又不會變形的材質。

memo

木製便當盒的保養方法

木製便當盒在清洗時不要用清潔劑，直接用手或海綿，加上約50～60度的熱水來清洗即可。如果遇到難清洗的汙垢，再使用中性清潔劑。當然，絕對禁止使用洗碗機清洗。

索引

本書食譜可以依味道、烹調法、烹調時間來查詢。
另外，主菜依照食材、配菜則根據顏色來分類。

味道

甜

● 主菜

<豬肉>
薄切豬肉片 蜜汁烤豬……54
梅花豬肉片 蠔油炒肉片……56

<牛肉>
薄切牛肉片 壽喜燒風味牛肉……58
薄切牛肉片 牛蒡炒牛肉(備)……59
牛五花肉片 韓式炒牛肉……60
牛五花肉片 薑燒牛肉(備)……61

<雞肉>
雞胸肉 糖醋雞胸肉……62
雞里肌肉 鹽麴烤雞……64

<絞肉>
雞絞肉 照燒雞肉丸……66
雞絞肉 雞肉肉燥(備)……67

<魚>
鮭魚 西京味噌燒鮭魚……68
旗魚 茄汁旗魚……70
鰤魚 照燒鰤魚……72
鰤魚 紅燒鰤魚(備)……73
鯖魚 韓式醬燒鯖魚……74
鯖魚 味噌燉鯖魚(備)……75

<豆製品>
油豆腐 番茄糖醋油豆腐……76

● 配菜

<紅>
胡蘿蔔 味噌胡蘿蔔條……82
紅椒 照燒紅椒……84

<紫>
紫高麗菜 涼拌紫高麗菜……86
茄子 芝麻味噌炒茄子……88
紫地瓜 鹽麴煮紫地瓜……90
紫地瓜 地瓜球(備)……91

<黃>
地瓜 拔絲地瓜……92
地瓜 甜煮地瓜(備)……93
南瓜 甜煮南瓜……94
南瓜 醬燒南瓜餅(備)……95
玉米 醬燒奶油炒玉米……96

<綠>
綠花椰菜 芝麻拌花椰菜……100
小松菜 涼拌芝麻小松菜……102
秋葵 醬滷昆布秋葵……104
蘆筍 花生醬拌蘆筍……106
青椒 芝麻香青椒……108
青椒 鹹甜青椒(備)……109
小黃瓜 鹽麴漬黃瓜……110

<茶>
菇類 燉香菇……112
竹輪 蒲燒竹輪……114
黃豆 昆布煮黃豆……116

<白>
乾蘿蔔絲 什錦煮……118
白花椰菜 柴魚片拌花椰菜……120
大頭菜 雞絞肉煮大頭菜……122
馬鈴薯 鹹甜馬鈴薯……124

● 填空料理

蒲燒秋刀魚玉子燒(備)……128
海苔玉子燒(備)……128
香嫩炒蛋球(備)……131
大葉味噌(備)……133
茄子味噌(備)……133

鹹

● 主菜

<豬肉>
薄切豬肉片 味噌炸豬排……54
薄切豬肉片 蒜苗炒鹹豬肉(備)……55
梅花豬肉片 薑汁燒肉……56
梅花豬肉片 醬油薑汁燒肉(備)……57

<牛肉>
薄切牛肉片 蔬菜烤肉捲……58
牛五花肉片 辣炒牛肉……60

<雞肉>
雞腿肉 印度烤雞腿肉……62
雞腿肉 炸雞腿塊(備)……63
雞里肌肉 磯邊炸雞……64
雞里肌肉 炸雞排……65

<絞肉>
豬絞肉 豬肉燒賣……66

<魚>
鮭魚 蔥燒鮭魚……68
鮭魚 鮭魚碎肉(備)……69
旗魚 咖哩嫩煎旗魚……70
旗魚 羅勒酥炸旗魚(備)……71
鰤魚 薑汁燒鰤魚……72
鯖魚 酥炸鯖魚……74

<豆製品>
油豆腐 味噌水煮蛋福袋……76
油豆腐 土佐豆腐(備)……77

● 配菜

<紅>
胡蘿蔔 酥炸胡蘿蔔……82
胡蘿蔔 七味粉烤胡蘿蔔(備)……83
紅椒 高湯煮紅椒……84

<紫>
紫高麗菜 香辣紫高麗菜……86
紫高麗菜 鹽漬紫高麗菜(備)……87
茄子 麻婆茄子……88
紫地瓜 酥炸紫地瓜……90

<黃>
地瓜 炸地瓜條……92
南瓜 咖哩美乃滋南瓜沙拉……94
玉米 酥炸玉米……96
玉米 培根炒玉米(備)……97

<綠>
綠花椰菜 清炒花椰菜……100
小松菜 海苔拌小松菜……102
小松菜 芥末醬油拌小松菜(備)……103
秋葵 芥末炒秋葵……104
秋葵 鹽煮秋葵(備)……105
蘆筍 芝麻炒蘆筍……106
蘆筍 高湯煮蘆筍……107
青椒 鹽昆布拌青椒……108
小黃瓜 涼拌薑絲黃瓜……110

<茶>
菇類 起司炒杏鮑菇……112
菇類 醬油漬菇(備)……113
竹輪 豆瓣醬煮竹輪……114
竹輪 磯邊炸竹輪(備)……115
黃豆 咖哩炒黃豆……116

<白>
乾蘿蔔絲 鱈魚子炒蘿蔔絲……118
白花椰菜 起司烤花椰菜……120
大頭菜 鹽燒大頭菜……122
芋頭 燒煮味噌芋頭……124
芋頭 炸芋頭(備)……125

● 填空料理

蔥花魩仔魚玉子燒(備)……129
紫蘇玉子燒(備)……129
醬醃鵪鶉蛋(備)……130
時蔬歐姆蛋(備)……131
醬滷生薑(備)……132
醬滷蛤蠣山椒(備)……132

酸

● 主菜

<豬肉>
薄切豬肉片 糖醋豬……55
梅花豬肉片 柚香涮肉……57

<牛肉>
薄切牛肉片 芥末籽炒牛肉……59
牛五花肉片 涼拌牛肉……61

<雞肉>
- 雞胸肉 烏醋炒雞胸肉……63
- 雞里肌肉 梅香蒸雞……65

<絞肉>
- 豬絞肉 柚子醋風味漢堡豬排……67

<魚>
- 鮭魚 鹽烤檸檬鮭魚……69
- 旗魚 旗魚南蠻漬……71
- 鰤魚 日式柚燒鰤魚……73
- 鯖魚 烏醋燒鯖魚……75

<豆製品>
- 油豆腐 柚子醋拌豆腐……77

● 配菜

<紅>
- 胡蘿蔔 涼拌胡蘿蔔絲……83
- 紅椒 檸檬醃紅椒……85
- 紅椒 柚子醋炒紅椒(備)……85

<紫>
- 紫高麗菜 甜醋漬紫高麗菜……87
- 茄子 和風醬燒茄子……89
- 茄子 巴薩米克醋醃茄子(備)……89
- 紫地瓜 芥末紫地瓜……91

<黃>
- 地瓜 蜂蜜檸檬煮地瓜……93
- 南瓜 紅紫蘇香煎南瓜……95
- 玉米 清脆玉米沙拉……97

<綠>
- 綠花椰菜 柚子醋拌花椰菜……101
- 綠花椰菜 芥末籽花椰菜(備)……101
- 小松菜 味噌醋拌小松菜……103
- 秋葵 醋醬油拌秋葵……105
- 蘆筍 柚子醋炒蘆筍……107
- 青椒 檸檬拌青椒……109
- 小黃瓜 梅肉涼拌小黃瓜……111
- 小黃瓜 中式涼拌黃瓜(備)……111

<茶>
- 菇類 果醋漬香菇……113
- 竹輪 柚子醋拌竹輪……115
- 黃豆 烏醋煮黃豆……117
- 黃豆 黃豆泥(備)……117

<白>
- 乾蘿蔔絲 芝麻拌蘿蔔絲乾……119
- 乾蘿蔔絲 醃漬蘿蔔乾(備)……110
- 白花椰菜 咖哩風味醃花椰菜……121
- 大頭菜 檸檬炒大頭菜……123
- 大頭菜 柚子大頭菜甘醋漬(備)……123
- 馬鈴薯 馬鈴薯沙拉……125

● 填空料理
- 糖醋醃鵪鶉蛋(備)……130

烹調法

烤、煎

● 主菜

<豬肉>
- 薄切豬肉片 蜜汁烤豬……54

<牛肉>
- 薄切牛肉片 蔬菜烤肉捲……58

<雞肉>
- 雞胸肉 糖醋雞胸肉……62
- 雞腿肉 印度烤雞腿肉……62
- 雞里肌肉 鹽麴烤雞……64
- 雞絞肉 照燒雞肉丸……66

<絞肉>
- 豬絞肉 柚子醋風味漢堡豬排……67

<魚>
- 鮭魚 西京味噌燒鮭魚……68
- 鮭魚 蔥燒鮭魚……68
- 鮭魚 鹽烤檸檬鮭魚……69
- 旗魚 茄汁旗魚……70
- 旗魚 咖哩嫩煎旗魚……70
- 鰤魚 照燒鰤魚……72
- 鰤魚 薑汁燒鰤魚……72
- 鰤魚 日式柚燒鰤魚……73
- 鯖魚 烏醋燒鯖魚……75

● 配菜

<紅>
- 胡蘿蔔 七味粉烤胡蘿蔔(備)……83
- 紅椒 照燒紅椒……84
- 紅椒 柚子醋炒紅椒(備)……85

<黃>
- 南瓜 紅紫蘇香煎南瓜……95
- 南瓜 醬燒南瓜餅(備)……95

<白>
- 白花椰菜 起司烤花椰菜……120

● 填空料理
- 蒲燒秋刀魚玉子燒(備)……128
- 海苔玉子燒(備)……128
- 蔥花魩仔魚玉子燒(備)……129
- 紫蘇玉子燒(備)……120
- 時蔬歐姆蛋(備)……131

炒

● 主菜

<豬肉>
- 薄切豬肉片 糖醋豬……55
- 薄切豬肉片 蒜苗炒鹹豬肉(備)……55
- 梅花豬肉片 蠔油炒豬肉片……56
- 梅花豬肉片 薑汁燒肉……56
- 梅花豬肉片 醬油薑汁燒肉(備)……57

<牛肉>
- 薄切牛肉片 芥末籽炒牛肉……59
- 牛五花肉片 韓式炒牛肉……60
- 牛五花肉片 辣炒牛肉……60

<雞肉>
- 雞胸肉 烏醋炒雞胸肉……63

<絞肉>
- 雞絞肉 雞肉肉燥(備)……67

<魚>
- 鮭魚 鮭魚碎肉(備)……69

<豆製品>
- 油豆腐 番茄糖醋油豆腐……76
- 油豆腐 柚子醋拌豆腐……77

● 配菜

<紅>
- 胡蘿蔔 味噌胡蘿蔔條……82

<紫>
- 茄子 芝麻味噌炒茄子……88
- 茄子 魚香茄子……88
- 茄子 和風醬燒茄子……89

<黃>
- 玉米 醬燒奶油炒玉米……96
- 玉米 培根炒玉米(備)……97

<綠>
- 綠花椰菜 清炒花椰菜……100
- 秋葵 芥末炒秋葵……104
- 蘆筍 芝麻炒蘆筍……106
- 蘆筍 柚子醋炒蘆筍……107
- 青椒 芝麻香青椒……108

<茶>
- 菇類 起司炒杏鮑菇……112
- 竹輪 蒲燒竹輪……114
- 竹輪 豆瓣醬炒竹輪……114
- 黃豆 咖哩炒黃豆……116

<白>
- 乾蘿蔔絲 鱈魚子炒蘿蔔絲……118
- 大頭菜 鹽燒大頭菜……122
- 大頭菜 檸檬炒大頭菜……123

● 填空料理
- 香嫩炒蛋球(備)……131

燙

● 主菜

<豬肉>
- 梅花豬肉片 柚香涮肉……57

<牛肉>
- 牛五花肉片 涼拌牛肉……61

● 配菜

<紫>
- 紫地瓜 地瓜球(備)……91

<黃>
- 地瓜 蜂蜜檸檬煮地瓜……93

<綠>
秋葵 鹽煮秋葵(備)……105
蘆筍 高湯煮蘆筍(備)……107

燉、蒸

● 主菜
<牛肉>
薄切牛肉片 壽喜燒風味牛肉……58
薄切牛肉片 牛蒡炒牛肉(備)……59
牛五花肉片 薑燒牛肉(備)……61
<雞肉>
雞里肌肉 梅香蒸雞……65
<絞肉>
豬絞肉 豬肉燒賣……66
<魚>
鰤魚 紅燒鰤魚(備)……73
鯖魚 韓式醬燒鯖魚……74
鯖魚 味噌燉鯖魚(備)……75
<豆製品>
油豆腐 味噌水煮福袋……76
油豆腐 土佐豆腐(備)……77

● 配菜
<紅>
紅椒 高湯煮紅椒……84
<紫>
紫地瓜 鹽麴煮紫地瓜……90
<黃>
地瓜 甜煮地瓜(備)……93
南瓜 甜煮南瓜……94
<綠>
青椒 鹹甜青椒(備)……109
<茶>
菇類 燉香菇……112
黃豆 昆布煮黃豆……116
黃豆 烏醋煮黃豆……117
<白>
乾蘿蔔絲 什錦煮……118
大頭菜 雞絞肉煮大頭菜……122
馬鈴薯 鹹甜馬鈴薯……124
芋頭 燒煮味噌芋頭……124

● 填空料理
醬滷生薑(備)……132
醬滷蛤蠣山椒(備)……132
大葉味噌(備)……133
茄子味噌(備)……133

炸

● 主菜
<豬肉>
薄切豬肉片 味噌炸豬排……54
<雞肉>
雞腿肉 炸雞腿塊(備)……63
雞里肌肉 磯邊炸雞……64
雞里肌肉 炸雞排(備)……65
<魚>
旗魚 旗魚南蠻漬……71
旗魚 羅勒酥炸旗魚(備)……71
鯖魚 酥炸鯖魚……74

● 配菜
<紅>
胡蘿蔔 酥炸胡蘿蔔……82
<紫>
紫地瓜 酥炸紫地瓜……90
<黃>
地瓜 拔絲地瓜……92
地瓜 炸地瓜條……92
玉米 酥炸玉米……96
<茶>
竹輪 磯邊炸竹輪(備)……115
<白>
芋頭 炸芋頭(備)……125

涼拌

● 配菜
<紅>
胡蘿蔔 涼拌胡蘿蔔絲……83
紅椒 檸檬醃紅椒……85
<紫>
紫高麗菜 涼拌紫高麗菜……86
紫高麗菜 香辣紫高麗菜……86
紫地瓜 芥末紫地瓜……91
<黃>
南瓜 咖哩美乃滋南瓜沙拉……94
玉米 清脆玉米沙拉……97
<綠>
綠花椰菜 芝麻拌花椰菜……100
綠花椰菜 柚子醋拌花椰菜……101
綠花椰菜 芥末籽花椰菜(備)……101
小松菜 涼拌芝麻小松菜……102
小松菜 海苔拌小松菜……102
小松菜 味噌醋拌小松菜……103
小松菜 芥末醬油拌小松菜(備)……103
秋葵 醬滷昆布……104
秋葵 醋醬油拌秋葵……105
蘆筍 花生醬拌蘆筍……106
青椒 鹽昆布拌青椒……108
青椒 檸檬拌青椒……109
小黃瓜 梅肉涼拌小黃瓜……111
<茶>
菇類 果醋漬百菇……113
竹輪 柚子醋拌竹輪……115
黃豆 黃豆泥(備)……117
<白>
乾蘿蔔絲 芝麻拌蘿蔔絲……119
白花椰菜 柴魚片拌花椰菜……120
馬鈴薯 馬鈴薯沙拉……125

醃漬

● 配菜
<紫>
紫高麗菜 甜醋漬紫高麗菜……87
紫高麗菜 鹽漬紫高麗菜(備)……87
茄子 巴薩米克醋醃茄子(備)……89
<綠>
小黃瓜 鹽麴漬黃瓜……110
小黃瓜 涼拌薑絲黃瓜……110
小黃瓜 中式涼拌黃瓜(備)……111
<茶>
菇類 醬油漬菇(備)……113
<白>
乾蘿蔔絲 醃漬蘿蔔絲乾(備)……119
白花椰菜 咖哩風味醃花椰菜……121
白花椰菜 醃漬花椰菜(備)……121
大頭菜 柚子大頭菜甘醋漬(備)……123

● 填空料理
醬醃鵪鶉蛋(備)……130
糖醋醃鵪鶉蛋(備)……130

烹調時間

5分鐘以下

● 配菜
<綠>
秋葵 鹽煮秋葵(備)……105
青椒 鹽昆布拌青椒……108
青椒 檸檬拌青椒……109
小黃瓜 鹽麴漬黃瓜……110
小黃瓜 涼拌薑絲黃瓜……110
小黃瓜 中式涼拌黃瓜(備)……111

5～10分鐘以下

● 主菜
<豬肉>
薄切豬肉片 蒜苗炒鹹豬肉(備)……55
<牛肉>
薄切牛肉片 芥末籽炒牛肉……59
<魚>
鯖魚 酥炸鯖魚……74

<豆製品>
油豆腐 番茄糖醋油豆腐……76
油豆腐 柚子醋拌豆腐……77

● 配菜
<紅>
胡蘿蔔 味噌胡蘿蔔條……82

胡蘿蔔 七味粉烤胡蘿蔔(備)……83
紅椒 照燒紅椒……84
紅椒 高湯煮紅椒……84
紅椒 檸檬醃紅椒……85
紅椒 柚子醋炒紅椒(備)……85
＜紫＞
紫高麗菜 涼拌紫高麗菜……86
紫高麗菜 香辣紫高麗菜……86
紫高麗菜 甜醋漬紫高麗菜……87
紫高麗菜 鹽漬紫高麗菜(備)……87
茄子 芝麻味噌炒茄子……88
茄子 和風醬燒茄子……89
茄子 巴薩米克醋醃茄子(備)……89
紫地瓜 酥炸紫地瓜……90
＜黃＞
南瓜 紅紫酥香煎南瓜……95
玉米 醬燒奶油炒玉米……96
玉米 清脆玉米沙拉……97
玉米 培根炒玉米(備)……97
＜綠＞
綠花椰菜 芝麻拌花椰菜……100
綠花椰菜 清炒花椰菜……100
綠花椰菜 柚子醋拌花椰菜……101
綠花椰菜 芥末籽花椰菜(備)……101
小松菜 涼拌芝麻小松菜……102
小松菜 海苔拌小松菜……102
小松菜 味噌醋拌小松菜……103
小松菜 芥末醬油拌小松菜(備)……103
秋葵 醬滷昆布……104
秋葵 芥末炒秋葵……104
秋葵 醋醬油拌秋葵……105
蘆筍 花生醬拌蘆筍……106
蘆筍 芝麻炒蘆筍……106
蘆筍 柚子醋炒蘆筍……107
蘆筍 高湯煮蘆筍(備)……107
青椒 芝麻香青椒……108
小黃瓜 梅肉涼拌小黃瓜……111
＜茶＞
菇類 起司炒杏鮑菇……112
菇類 果醋漬百菇……113
菇類 醬油漬菇(備)……113
竹輪 蒲燒竹輪……114
竹輪 豆瓣醬煮竹輪……114
竹輪 柚子醋拌竹輪……115
黃豆 咖哩炒黃豆……116
黃豆 烏醋煮黃豆……117
黃豆 黃豆泥(備)……117
＜白＞
乾蘿蔔絲 鱈魚子炒蘿蔔絲……118
乾蘿蔔絲 芝麻拌蘿蔔絲……119
白花椰菜 柴魚片拌花椰菜……120
白花椰菜 起司烤花椰菜……120
白花椰菜 咖哩風味醃花椰菜……121
白花椰菜 醃漬花椰菜(備)……121
大頭菜 鹽燒大頭菜……122
大頭菜 檸檬炒大頭菜……123
大頭菜 柚子大頭菜甘醋漬(備)……123
馬鈴薯 馬鈴薯沙拉……125
芋頭 炸芋頭(備)……125

● 填空料理

蒲燒秋刀魚玉子燒(備)……128
海苔玉子燒(備)……128
蔥花魩仔魚玉子燒(備)……129
紫蘇玉子燒(備)……129
醬醃鵪鶉蛋(備)……130
糖醋醃鵪鶉蛋(備)……130
時蔬歐姆蛋(備)……131
香嫩炒蛋球(備)……131

10分鐘以上

● 主菜

＜豬肉＞
薄切豬肉片 蜜汁烤豬……54
薄切豬肉片 味噌炸豬排……54
薄切豬肉片 糖醋豬……55
梅花豬肉片 蠔油炒肉片……56
梅花豬肉片 薑汁燒肉……56
梅花豬肉片 柚香涮肉……57
梅花豬肉片 醬油薑汁燒肉(備)……57
＜牛肉＞
薄切牛肉片 壽喜燒風味牛肉……58
薄切牛肉片 蔬菜烤肉捲……58
薄切牛肉片 牛蒡炒牛肉(備)……59
牛五花肉片 韓式炒牛肉……60
牛五花肉片 辣炒牛肉……60
牛五花肉片 涼拌牛肉……61
牛五花肉片 薑燒牛肉(備)……61
＜雞肉＞
雞胸肉 糖醋雞胸肉……62
雞腿肉 印度烤雞腿肉……62
雞胸肉 烏醋炒雞胸肉……63
雞腿肉 炸雞腿塊(備)……63
雞里肌肉 鹽麴烤雞……64
雞里肌肉 磯邊炸雞……64
雞里肌肉 梅香蒸雞……65
雞里肌肉 炸雞排(備)……65
＜絞肉＞
雞絞肉 照燒雞肉丸……66
豬絞肉 豬肉燒賣……66
豬絞肉 柚子醋風味漢堡豬排……67
雞絞肉 雞肉肉燥(備)……67
＜魚＞
鮭魚 西京味噌燒鮭魚……68
鮭魚 蔥燒鮭魚……68
鮭魚 鹽烤檸檬鮭魚……69
鮭魚 鮭魚碎肉(備)……69
旗魚 茄汁旗魚……70
旗魚 咖哩嫩煎旗魚……70
旗魚 旗魚南蠻漬……71
旗魚 羅勒酥炸旗魚……71
鰤魚 照燒鰤魚……72
鰤魚 薑汁燒鰤魚……72
鰤魚 日式柚燒鰤魚……73
鰤魚 紅燒鰤魚(備)……73
鯖魚 韓式醬燒鯖魚……74
鯖魚 烏醋燒鯖魚……75
鯖魚 味噌燉鯖魚(備)……75
＜豆製品＞
油豆腐 味噌水煮蛋福袋……76
油豆腐 土佐豆腐(備)……77

● 配菜

＜紅＞
胡蘿蔔 酥炸胡蘿蔔……82
胡蘿蔔 涼拌胡蘿蔔絲……83
＜紫＞
茄子 魚香茄子……88
紫地瓜 鹽麴煮紫地瓜……90
紫地瓜 芥末紫地瓜……91
紫地瓜 地瓜球(備)……91
＜黃＞
地瓜 拔絲地瓜……92
地瓜 炸地瓜條……92
地瓜 蜂蜜檸檬煮地瓜……93
地瓜 甜煮地瓜(備)……93
南瓜 甜煮南瓜……94
南瓜 咖哩美乃滋南瓜沙拉……94
南瓜 醬燒南瓜餅(備)……95
玉米 酥炸玉米……96
＜綠＞
青椒 鹹甜青椒(備)……109
＜茶＞
菇類 燉百菇……112
竹輪 磯邊炸竹輪(備)……115
黃豆 昆布煮黃豆……116
＜白＞
乾蘿蔔絲 什錦煮……118
乾蘿蔔絲 醃漬蘿蔔乾(備)……119
大頭菜 雞絞肉煮大頭菜……122
馬鈴薯 鹹甜馬鈴薯……124
芋頭 燒煮味噌芋頭……124

● 填空料理

醬滷生薑(備)……132
醬滷蛤蠣山椒(備)……132
大葉味噌(備)……133
茄子味噌(備)……133

台灣廣廈 國際出版集團
Taiwan Mansion International Group

國家圖書館出版品預行編目（CIP）資料

日本媽媽的超省時便當菜：20分鐘做5便當！全書144道菜兼顧全家營養，老公減醣、小孩發育都適用 / 野上優佳子作；彭琬婷譯. -- 初版. -- 新北市：台灣廣廈, 2019.10
面； 公分.
ISBN 978-986-130-445-8（平裝）
1.食譜

427.17 108014649

日本媽媽的超省時便當菜

20分鐘做5便當！全書144道菜兼顧全家營養，老公減醣、小孩發育都適用

野上さんちの超ラクチン弁当

作　　者／野上優佳子
譯　　者／彭琬婷
編輯中心編輯長／張秀環
封面設計／何偉凱・**內頁排版**／菩薩蠻數位文化有限公司
製版・印刷・裝訂／東豪・弼聖・秉成

行企研發中心總監／陳冠蒨
媒體公關組／陳柔彣
綜合業務組／何欣穎
線上學習中心總監／陳冠蒨
數位營運組／顏佑婷
企製開發組／江季珊、張哲剛

發 行 人／江媛珍
法律顧問／第一國際法律事務所 余淑杏律師・北辰著作權事務所 蕭雄淋律師
出　　版／台灣廣廈
發　　行／台灣廣廈有聲圖書有限公司
地址：新北市235中和區中山路二段359巷7號2樓
電話：（886）2-2225-5777・傳真：（886）2-2225-8052

代理印務・全球總經銷／知遠文化事業有限公司
地址：新北市222深坑區北深路三段155巷25號5樓
電話：（886）2-2664-8800・傳真：（886）2-2664-8801
郵政劃撥／劃撥帳號：18836722
劃撥戶名：知遠文化事業有限公司（※單次購書金額未達1000元，請另付70元郵資。）

■出版日期：2019年10月
■初版12刷：2024年6月
ISBN：978-986-130-445-8